U0183503

拆解科学系列
物理笔记 上

[英] 库尔特·贝克 著

燕子 译

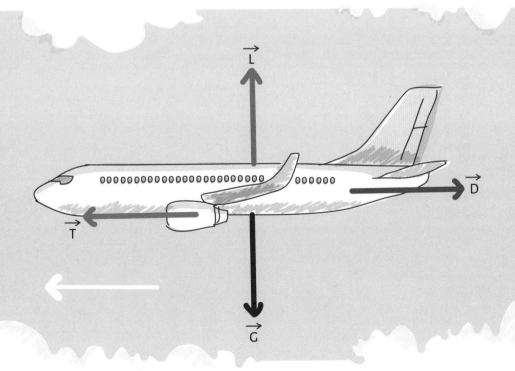

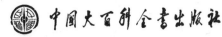
中国大百科全书出版社

Original Title: Barron's Visual Learning: Physics
Copyright © UniPress Books Limited 2021
The simplified Chinese translation rights arranged through Rightol Media
（本书中文简体版权经由锐拓传媒旗下小锐取得）

北京市版权登记号：图字 01-2023-1804

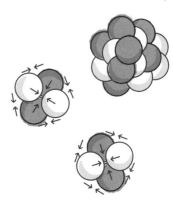

图书在版编目（CIP）数据

物理笔记. 上/（英）库尔特·贝克著；燕子译
. --北京：中国大百科全书出版社，2023.8
（拆解科学系列）
ISBN 978-7-5202-1367-7

Ⅰ．①物… Ⅱ．①库… ②燕… Ⅲ．①物理学-少儿
读物 Ⅳ．①04-49

中国国家版本馆CIP数据核字(2023)第120438号

拆解科学系列：物理笔记（上）

出　版　人：刘祚臣
策　划　人：海艳娟　赵　鑫
责任编辑：赵　鑫
助理编辑：胡　玥
专业审核：张恒森
特约编审：朱菱艳
美术编辑：张紫微
责任印制：邹景峰
出版发行　中国大百科全书出版社有限公司
　　　　　（北京市阜成门北大街17号　邮编：100037　电话：010-88390276）
印　　刷：北京瑞禾彩色印刷有限公司
开　　本：787毫米×1092毫米　　1/16
印　　张：6
版　　次：2023年8月第1版　2024年3月第2次印刷
字　　数：175千
书　　号：ISBN 978-7-5202-1367-7
定　　价：98.00元（上、下）

版权所有　翻印必究

目录

前言   4

第一章 力   6
力的定义   7
接触力   8
非接触力   12
牛顿定律   20
小结   22

第二章 匀变速运动   24
质点位置   25
质点运动   26
运动图   28
恒定加速度   32
小结   34

第三章 绕心运动   36
绕心运动的例子   37
圆周运动   38
轨道运动   40
旋转运动学与动力学   43
小结   46

第四章 守恒定律   48
守恒定律的类型   49
封闭系统   50
碰撞   52
小结   58

第五章 电学   60
电荷和电荷传输   61
电流、电压和电阻   62
电路   66
小结   72

第六章 场和力   74
场及其作用   75
引力场   76
磁场和电场   78
小结   82

第七章 电磁学   84
法拉第电磁感应定律   85
电磁感应   86
电能损耗与电力传输   88
电磁辐射   90
电磁频谱   92
小结   94

前言

物理学是一门界定并证实我们周围一切事物的综合性学科。物理学中那些普遍而明确的定律，对人类生活的宏观世界、微观的原子世界以及浩瀚宇宙的运作方式不断做出解释。

艾萨克·牛顿（Isaac Newton）是英国物理学家和数学家，他为人们理解物体在外力作用下的运动规律开辟了一条道路。他通过公式描述了复杂的物理关系，在物理学和数学之间架起了一座桥梁，并揭开了万有引力的神秘面纱，开创了经典力学的先河。同时，他为人类解开光学、量子物理学、相对论和宇宙学的秘密指明了方向。之后，凭借阿尔伯特·爱因斯坦（Albert Einstein）、马克斯·普朗克（Max Planck）和尼尔斯·玻尔（Niels Bohr）等19～20世纪天才科学家的努力，此前几个世纪中那些谜一般的概念，终于被人类逐渐认识。

事实上，在探索未知世界的征途上，人类迈出的每一步以及认知上的每一次飞跃，都是站在巨人肩膀上实现的。人类从每一项发现中都曾得到令人惊叹的启示，这些启示为人类登陆月球、远程通信和开发观察浩瀚宇宙的空间望远镜等提供有力的技术支持，同时还将我们的知识边界扩展到了一个崭新的维度。基于21世纪粒子物理学一系列的发现，人类编织出一个量子王国，证实了理论推断出的奇异粒子的存在。今天，科学正以指数级速度向前发展，并不断推出新的发现。

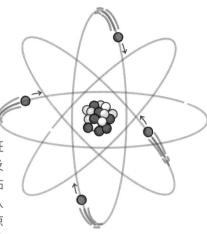

1909年，英国物理学家欧内斯特·卢瑟福（Ernest Rutherford）首次证实了原子的中心有原子核。

强烈的好奇心是所有杰出物理学家的共性。他们凡事都要问"这是怎么发生的"。正是这种刨根问底的好奇精神成为连接科学世界的纽带，使更多的未知领域变为已知，也使更多的新问题浮现出来。如果你也有科学家的这份好奇心，《拆解科学系列：物理笔记》无疑是一部帮助你理解物理学基本定律与概念的宝典。本书以生动清晰的图画、图表以及简洁细致的文字阐释物理学知识，将其一点一点拆解开讲述，使那些复杂晦涩的物理学定律和概念变得简单易懂。

导线穿过磁场产生电流——发电的基础。

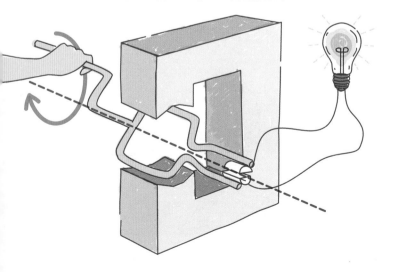

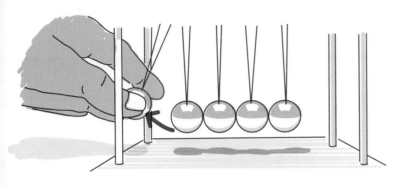

牛顿摆完美地展示了线动量守恒，这是牛顿第一定律所表达的一个基本原理。

这本书涉及范围较广，既涵盖了目前物理学课程所讲授的知识点，还为读者进一步深入研究物理学领域提供了坚实的基础。

全书共十三章，每一章聚焦一个具体领域。你将从力（万有引力）及运动（匀变速运动和绕心运动）等物理学基础知识开始学习，看一看宇宙是怎样遵循能量守恒定律的，同时探究守恒定律的适用范围。进入专题部分后，你将了解电和电磁的知识，没有它们，现代世界不会变成什么样子；你还能了解波在各种介质内如何运行、光学能给我们带来什么、热力学中热量的威力以及流体为什么远不只是液体等。

在掌握了这些基础知识后，你就能够跟随爱因斯坦的脚步进入20世纪的物理学世界，领略令人敬畏的核能威力和不可思议的量子力学。最后，在天体物理学一章中，你的视角将延伸到那些遥远的星球，在广袤无际的宇宙空间中感受物体之间的引力的重要性。此外，每一章都以一个小结作为全章的结尾。在小结中，我们通过一幅幅精心设计的思维导图，帮助你复习与巩固刚刚学过的知识。

本书通过简洁准确的文字说明和生动形象的插画与图示，带你领略物理学世界。我们将从力学和力开始探索，逐渐深入到现代物理学和天体物理学，探索那些更具挑战性的概念。本书作为一个学习物理学领域的起点，将激发你对发现未知世界强烈的好奇心。

欢迎阅读《拆解科学系列：物理笔记》。

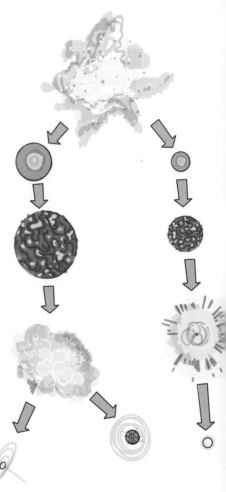

一颗恒星的生命故事：从星云孕育开始，再经超新星到中子星或黑洞。

一个滑冰者在做旋转动作时，随着身体姿势的变化，她的角动量是守恒的。她的身体张得越开，旋转的速度就越慢。

5

第一章

力

力无处不在，虽然你看不见它，但你无时无刻不受到力的作用。力能够把一个物体上的能量转移到另一个物体上；也能够使一个物体保持在某一个位置上，而没有能量的转移。力控制着行星的运动，把粒子结合在一起形成原子核。

力可分为两类：接触力和非接触力。接触力是物体与物体接触时产生的相互作用，由物理机制产生。非接触力是指任何作用在两个物体之间而无须直接接触的力。

力的定义

国际上公认的力的单位是牛顿，简称牛，符号是N。力的单位是以英国数学家、物理学家和天文学家艾萨克·牛顿爵士的名字命名的。牛顿对力做出了一个科学准确、言简意赅的定义。

如果一个物体受到的各种力没有达到平衡状态，它将做加速或减速运动。

由于橄榄球所受的来自两个球员的力大小相等，方向相反，没有产生合力，因此没有产生**加速度**。

力的不平衡意味着在某一个特定方向上有一个合力：物体将在那个方向上做加速或减速运动。同样的道理，如果没有产生合力（各种力处于平衡状态），那么物体的速度（在某一方向的速率）不会改变；它将保持不动（处于静止状态）或继续保持恒定的速度。

如果一名球员拦截一名对手，其拦截的力在相反方向上超过了对手所用的力，那么就会造成力的不平衡，使两名球员在相反的方向上做加速或减速运动。

如果相同的力同时作用于一名体量大的球员和一名体量小的球员，体量大的球员加速较慢，因为他的质量较大。这种现象称为**惯性**。

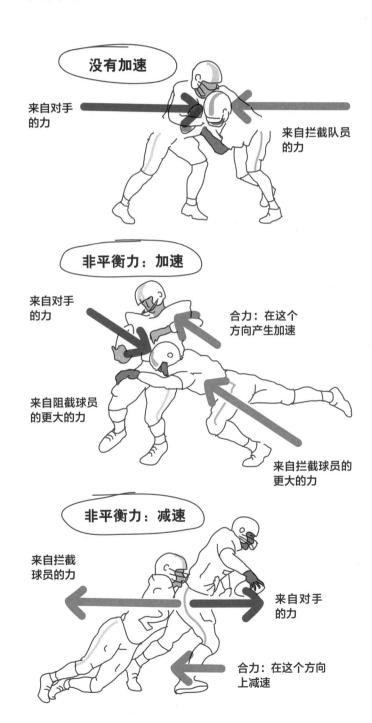

没有加速

来自对手的力　　来自拦截队员的力

非平衡力：加速

来自对手的力

合力：在这个方向产生加速

来自阻截球员的更大的力

来自拦截球员的更大的力

非平衡力：减速

来自拦截球员的力

来自对手的力

合力：在这个方向上减速

接触力

接触力是与物体接触而产生的力，由不同的物理机制形成。接触力包括**作用力**（推力）、**拉力**（张力）、**摩擦力**（空气阻力）、**法向反作用力**（支持力）以及**弹力**。

作用力

一个作用力或推力，能够移动一个物体。当你向前推动滑板时，需要用你的腿提供一个推力。

拉力

一个拉力可由一支拔河队产生。在力学中拉力类似推力，但却是在相反的方向上施加的力。拔河队双方向后拉绳，使绳子产生张力。

摩擦力

接触力的类型

弹力

摩擦力是两个挤压在一起的表面之间的阻力。摩擦力的作用方向总是与相对运动趋势的方向相反。摩擦力的大小取决于两个因素：将两个表面挤压在一起的力（通常由重力造成）以及接触表面的性质（动摩擦因素）。橡胶具有很高的摩擦系数，这就是为什么人们能够在弯道上驾驶汽车。

许多小粒子，例如空气，与物体相撞也会产生摩擦力，这种摩擦力称为**空气阻力**。空气阻力取决于物体的大小，以及空气与物体之间的相对速度。

法向反作用力

法向反作用力

重量

一个坚硬的表面，例如一个桌面，对该表面上的物体造成一个法向反作用力，这个力与物体的重量相等。

弹力是一种恢复力，由可被外力拉伸或压缩的弹性材料产生。

法向反作用力

法向反作用力能阻止一个物体沉降到另一个物体内部。每个物体在地球上都具有**重量**，即由于万有引力产生的重力，重力将促使物体加速下降。在任何坚硬的表面上，如果一个物体不能移动的话，那么它将受到一个与其重力方向相反、大小相等的力的作用。随着物体质量（也可以说是重量）的增加，法向反作用力也将随之增加，以支撑该物体的重量。

试想一下，你站在电梯里的磅秤上称自己的体重。当电梯静止时，磅秤记录的重量就是你的真实体重。

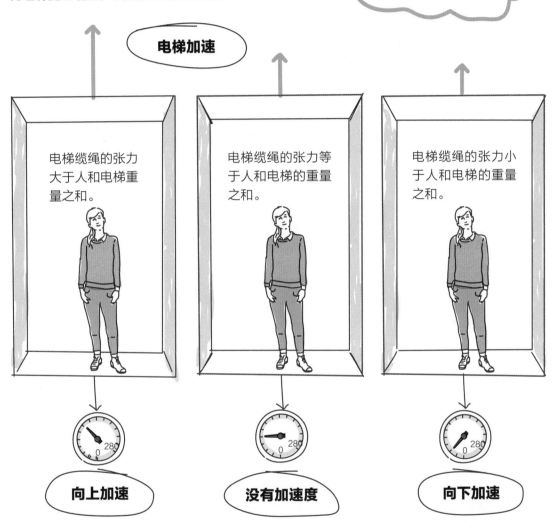

电梯加速

电梯缆绳的张力大于人和电梯重量之和。

电梯缆绳的张力等于人和电梯的重量之和。

电梯缆绳的张力小于人和电梯的重量之和。

向上加速

没有加速度

向下加速

电梯缆绳的张力控制着电梯的运动。如果电梯向上**加速**，这部电梯的底部必须能够支撑你的重量，并产生向上的力来加速你的质量。在这种情况下，你会感到身体更重，磅秤所显示的重量将增加。

当电梯以匀速运行时，没有加速度，磅秤所显示的重量就是你身体的真实重量。

当电梯开始向上**减速**时，情况正好相反，你会感到身体轻盈。

在电梯里，你脚下感受到的反作用力在电梯的整体运动过程中并不是恒定的，它随着电梯速度的变化而增减。

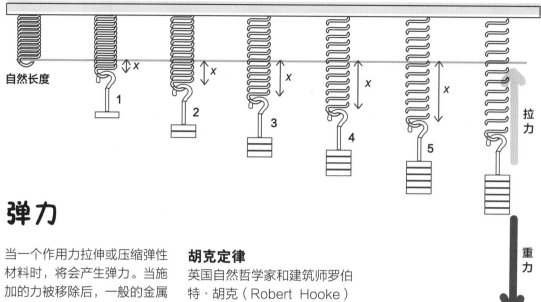

自然长度

1 2 3 4 5

拉力

重力

弹力

当一个作用力拉伸或压缩弹性材料时，将会产生弹力。当施加的力被移除后，一般的金属弹簧通常都能恢复到它的自然长度。弹簧内的拉伸或压缩的作用力称为**恢复力**。被拉伸或压缩的弹簧长度变化（x）取决于两个因素：施加的力的大小（F）和弹簧的劲度系数（k）。

胡克定律

英国自然哲学家和建筑师罗伯特·胡克（Robert Hooke）用简单的公式 $F=kx$ 表示这种关系。如下图所示，通过一条穿过原点的直线，可以看出，在没有达到弹性极限的情况下，随着作用力的增加，弹簧的长度会相应增加。

弹性极限是一个点，超过这个点后，弹簧在拉力作用下的表现就会改变，这个点取决于材料的特性。图中直线的**斜率**（陡度）是弹簧的劲度系数。

弹簧的劲度系数（k）取决于许多因素，例如弹簧的材料类型、厚度以及簧线的直径。实际上，刚度对于每个弹簧都是唯一的，其计量单位为牛顿/米（N/m）。

胡克定律不仅仅局限于物理性弹簧系统，而且也是材料中原子振动力学和波动学的一个很好的模型。这两个系统的运行都取决于来自平衡位置的恢复力的大小，以及引起该系统振荡的原因。

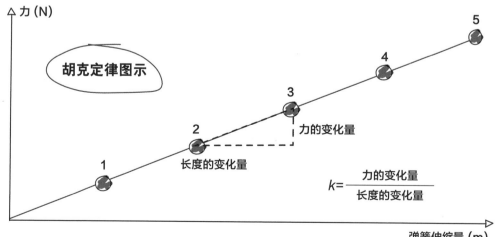

力（N）

胡克定律图示

5

4

3

2

力的变化量

1

长度的变化量

$$k = \frac{力的变化量}{长度的变化量}$$

弹簧伸缩量（m）

矢量

物理学家通过量化力的大小（**量值**）并考虑力的作用方向，来研究力的问题。在研究力的时候，大小和方向是两个基本因素，因为由合力导致的物体运动直接受到这两个因素的影响。为此，国际上采用的方法是使用矢量。

矢量是形象化描述作用于一个物体的所有力的有效方式。在理解多种力作用于物体上形成合力引起运动方面，矢量也是一个有用的工具。作用于一个物体上的合力，可以通过矢量的相加进行计算。

一个矢量用一个箭头标识，从力的作用点画出。箭头的长度代表力的大小，箭头的指向代表力作用的方向。在计算过程中，每个矢量用一个字母作为识别方式，通常在字母上方画出一个指向右方的箭头。例如，重力通常用 $\vec{G}$ 表示。

在通常情况下，作用于一个物体上的力不止一个，因而这些力由多个箭头表示。一架以恒定速度航行的飞机，会有各种各样的力作用在这架飞机上：发动机产生的**推力**（T）、空气产生的**阻力**（D）、飞机的**重力**（G）以及**升力**（L）。

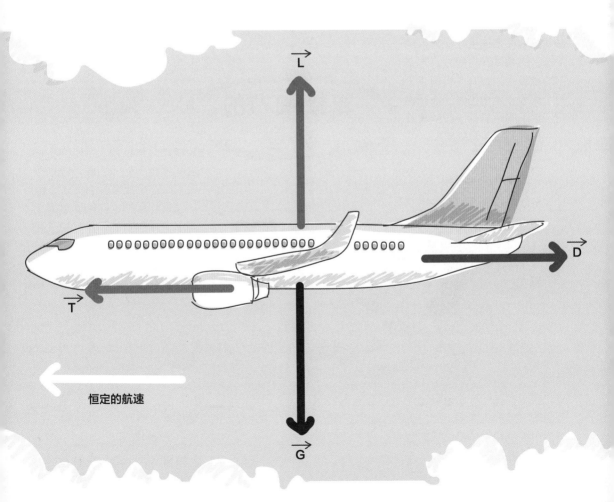

恒定的航速

非接触力

非接触（或在一定距离以外作用的）力在没有实际接触物体的情况下也会对一个物体产生影响。所有非接触力都受到距离的显著影响。这些非接触力包括万有引力（重力）、静电力、磁力以及核力。

核力将原子核结合起来构成不同元素。它是一种非常强大的力，只在非常短的距离内（约10^{-15}m）产生。在这个距离内核力很强大，足以克服质子的静电排斥力。

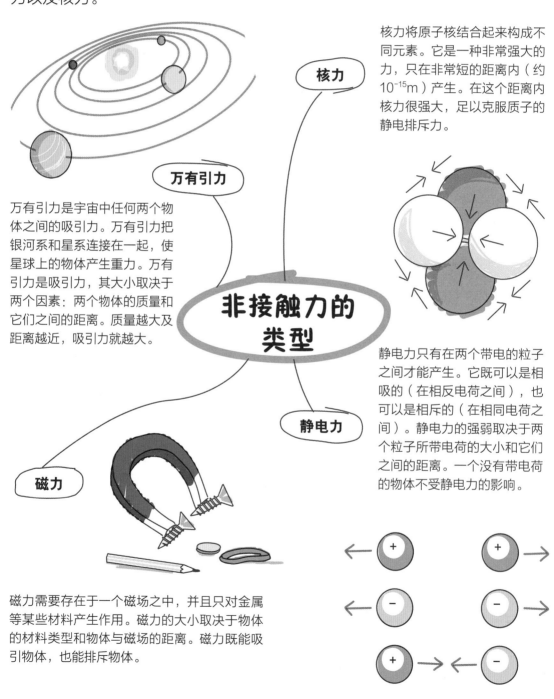

核力

万有引力

万有引力是宇宙中任何两个物体之间的吸引力。万有引力把银河系和星系连接在一起，使星球上的物体产生重力。万有引力是吸引力，其大小取决于两个因素：两个物体的质量和它们之间的距离。质量越大及距离越近，吸引力就越大。

非接触力的类型

静电力只有在两个带电的粒子之间才能产生。它既可以是相吸的（在相反电荷之间），也可以是相斥的（在相同电荷之间）。静电力的强弱取决于两个粒子所带电荷的大小和它们之间的距离。一个没有带电荷的物体不受静电力的影响。

静电力

磁力

磁力需要存在于一个磁场之中，并且只对金属等某些材料产生作用。磁力的大小取决于物体的材料类型和物体与磁场的距离。磁力既能吸引物体，也能排斥物体。

重力

重力（由万有引力产生的力）和质量是不同的两个概念。质量以千克计量，而重力是一种力，符号是 G，用牛顿计量（1N约对应着0.10197kg）。一个物体的**质量**是恒定的，它是一种衡量物体含有多少物质的度量。物体的重力取决于对它产生**万有引力场**的大物体的质量大小和接近程度。

万有引力场的强度用字母 g 表示，每千克质量受到的力用牛顿表示。

在地球上或接近于地球，每千克质量大约有9.8牛顿的重力（g=9.8N/kg）。实际上，有一个相同大小的力，以彼此相对的方向，既作用于行星（质量 M）上，也作用于物体（质量 m）上，但比较而言，行星质量巨大，这个力对它没有大的影响。

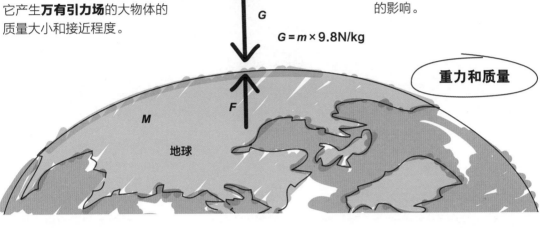

$$G = m \times 9.8\text{N/kg}$$

重力和质量

地球

哪个物体下落得更快？

如果一个物体下落，它将以9.8米/二次方秒（m/s^2）的加速度向地面加速降落。这个加速度对任何物体都是一样的，与它们的质量无关。如果排除空气阻力的影响，保龄球和羽毛都将以相同加速度一起向地面加速下落。

这个概念并不是凭直觉获知的，而是来自牛顿第二定律。保龄球受到的力比羽毛受到的力大得多。

不过，保龄球需要一个更大的力使其加速，这个力与它的质量成正比。

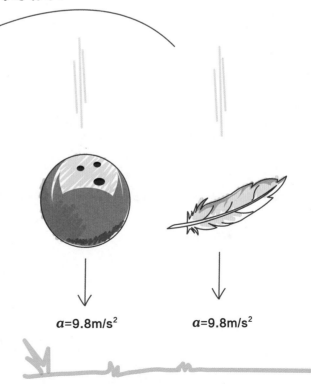

a=9.8m/s^2　　　a=9.8m/s^2

万有引力

牛顿界定了由地心引力所产生的万有引力。他阐明了两个质量之间引力的大小与两者质量的乘积成正比，与两者距离的平方成反比。简言之，两个物体之间的距离越近，两者之间产生的引力就会按照它们的质量成比例地大幅增加。

$$F = \frac{Gm_1 m_2}{r^2}$$

距离短，吸引力强。

距离长，吸引力弱。

质量越大，吸引力越大。

F是力的大小，以牛顿为计量单位，m_1和m_2是每个物体的质量，以千克为计量单位，r是间隔距离，以米为计量单位。G是**万有引力常数**，这个常数非常小，在数量上，它大约为6.67×10^{-11}，这说明只有当两个物体中有一个质量非常大或两个物体（例如一颗行星或恒星）质量都非常大时，两个物体之间的引力才会很大。小质量物体之间的相互作用极小，万有引力效应几乎无法被觉察。

大的质量会使时空结构变形，在一个大质量物体周围引起局部效应，甚至使光束路径改变方向。

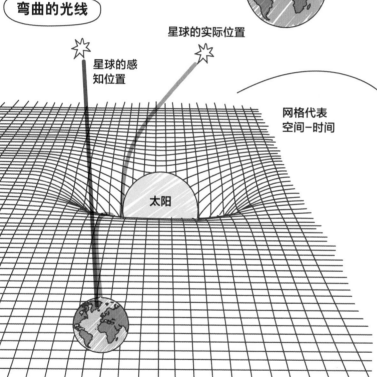

弯曲的光线

星球的实际位置

星球的感知位置

网格代表空间－时间

太阳

在月球上跳跃

月球引力是地球引力的1/6。如果你在地球上所受的重力为450N，你的质量在月球上是相同的，但是你在月球上受到的重力只有77N。如果你在地球上能跳跃1m，你在月球上能跳跃5.5m。

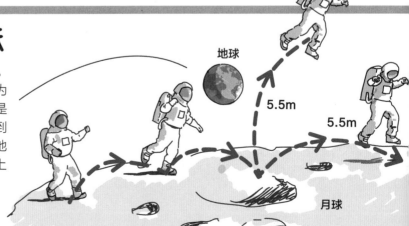

地球

5.5m

5.5m

月球

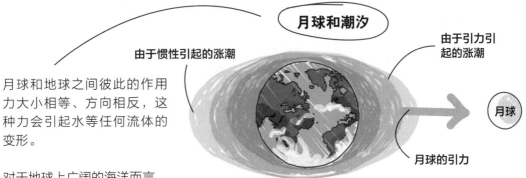

由于惯性引起的涨潮

由于引力引起的涨潮

月球

月球的引力

月球和地球之间彼此的作用力大小相等、方向相反，这种力会引起水等任何流体的变形。

对于地球上广阔的海洋而言，月球引力（称为**潮汐力**）会引起正对着月球的洋面出现涨潮现象。

而在地球的另一面，由于距月球的距离增加，以及海水在轨道运动过程中的惯性，月球的引力效应就降低了很多，因为这两个因素都对月球引力产生相反作用，这就引起了海平面的差异。

是什么使星球处于稳定状态?

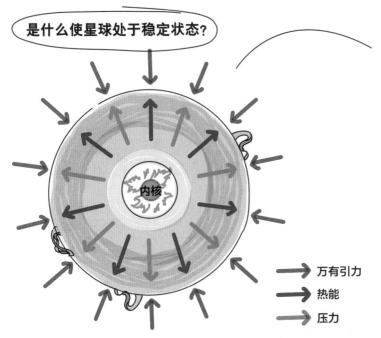

内核

万有引力

热能

压力

由于恒星内核的氢发生熔解会产生极其巨大的能量，这些能量导致辐射场产生一种向外的压力。这种向外的**气态压力**与恒星自身质量产生的向内的万有引力相互平衡，使得许多中小恒星能够保持长达数十亿年的稳定状态，我们将这称为**流体静力平衡**。当一个恒星内核区域的氢储备耗尽时，就不再产生能量，向外的辐射压力也会消失。此时，这颗恒星变得不再稳定，万有引力占据优势地位，最终导致恒星坍缩。

万有引力是使物体保持在地球以及其他行星表面上的一种力。它使行星的卫星和人造卫星绕着行星进行轨道运行，并使行星绕着恒星进行轨道运行。万有引力还可以将众多恒星"控制"在一起，形成星系，并将最终决定整个宇宙的命运。

万有引力对我们的生存很重要，但是它的起源仍然是一个谜。目前的观点认为，**引力子**是传递万有引力的粒子，但是这种粒子仅存于理论上，目前尚未被发现。

静电力

静电力是两个或更多带电粒子之间产生的力。它高度依赖物体相互接近的程度，以及每个物体所带电荷的量级，电荷量以**库仑**为计量单位。与万有引力不同，静电力既能够相互吸引又能够相互排斥。两个同性电荷（两个正电荷或两个负电荷）将相互排斥，而两个异性电荷（一个正电荷、一个负电荷）将相互吸引。

所有物质都含有质子、中子和电子。**质子**带一个正电荷，**电子**带一个负电荷，**中子**为中性，不带电荷。两个质子将强烈相互排斥，但是由于中子的电荷为中性，一个质子和一个中子之间没有静电力。正是由于质子和电子的电荷相反，它们才能结合在一起。

所有元素的原子内部包含着相等数量的质子和电子，从而保持**电中和**状态。

相同电荷与相反电荷

吸引 **+** → ← **−**

← **+**   **+** → 排斥

← **−**   **−** → 排斥

氦原子

中子 质子 电子

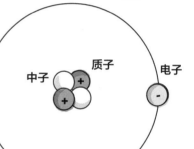

静电的生成

通过除去一些电子，留下全部正电荷，就可能使一个物体表面带电。只需用一块尼龙布摩擦一个物体（例如一个气球）表面，就会把电子传递到布上，产生一个带静电的气球。当把这个气球拿到头发附近时，气球上的正电荷将吸引头发上的电子，从而把头发吸起来。

这个简单的演示显示出静电力比万有引力更强大，它能克服头发的重力。

核力

核力在非常短的距离内作用时，核力极其强大。核力存在于所有原子的原子核内，并且在所有**核子**（中子和质子）之间相互作用。

核力把核子结合在一起构成元素。当核子间隔为约1×10^{-15}m时，核力强大到足以克服相邻质子间的静电排斥。

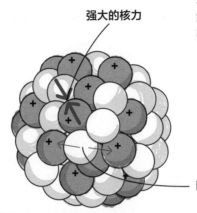

一个原子里的核子

强大的核力

静电排斥

如果核子的间隔超过这个数值约两倍（2.5×10^{-15}m）时，强大的核力将不再起作用。

核裂变

大多数元素是稳定的，例如氧或碳，因为强大的核力足以克服原子核中质子间的静电排斥。然而，**放射性元素**有不稳定的原子核，并将衰减成更小的裂片，同时产生能量和辐射，这个过程称为核裂变。

燃料元件或**燃料棒**包含天然的铀-235。**热中子**轰击到燃料棒中，暂时与原子核结合，生成极不稳定的铀-236。铀-236产生核裂变，释放出三个中子，同时产生能量、伽马射线以及放射性废物。

三个中子运动得非常快，在反应堆堆芯内被**慢化剂液体**减慢速度。然后，**控制棒**吸收三个可裂变中子中的两个，从而防止发生一个过快的灾难性的**链式核反应**。链式核反应是由一个反应导致三个更多的反应，以此类推。不稳定的放射性元素不能保持完整，因为使它们结合在一起的强大核力不足以把那么多的核子结合在一起，所以元素会分裂开来，形成含有较少核子的更为稳定的元素，这个过程会释放能量。

使用铀-235作为燃料源的一座核裂变反应堆

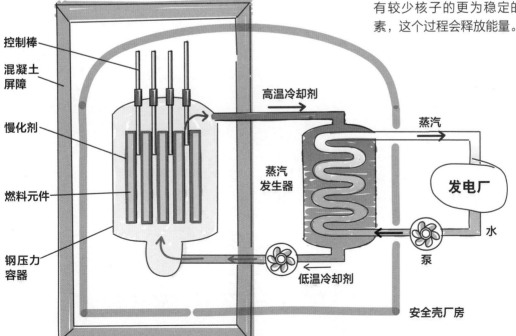

控制棒

混凝土屏障

慢化剂

燃料元件

钢压力容器

高温冷却剂

蒸汽发生器

低温冷却剂

蒸汽

发电厂

水

泵

安全壳厂房

磁力

磁力要么在两个**磁化物体**（能相互吸引或排斥的物体）之间产生，要么在一个磁化物体和一个有磁性的物体（例如一种金属）之间产生。磁化材料被一个磁场所包围，磁场的强度取决于材料本身以及它与物体之间的距离。

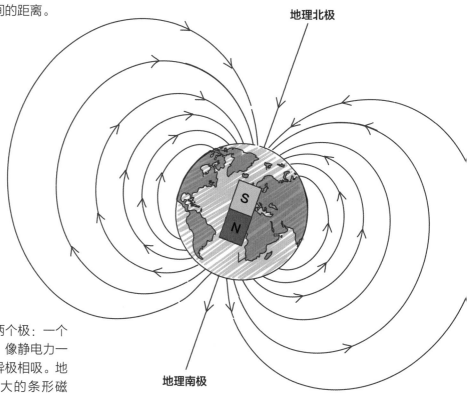

地磁场

地理北极

地理南极

一块**条形磁铁**有两个极：一个北极和一个南极。像静电力一样，同极相斥，异极相吸。地球就好像一块巨大的条形磁铁，因此指南针中有磁性的北极，会被地球的南极所吸引。

创造你自己的磁场
你可以使用一块条形磁铁、些许铁屑和一张纸来证明磁场的存在。在磁铁上方放一张纸，并在纸的上方撒上铁屑。轻轻地拍打纸张，你会观察到，随着铁屑被两极所吸引，铁屑的位置会显示出所产生的磁场的形状。

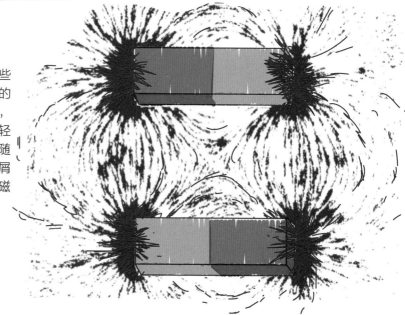

磁引力

磁铁可以永久（一直有一个磁场）或暂时具有磁性。对**电磁铁**而言，只有当电流通过它们时，才具有一个磁场。

磁场强度以特斯拉（T）为计量单位，其强度变化范围极大。一块电冰箱磁铁的磁场强度是0.00005T，而用于核磁共振成像的磁铁强度是1.5T。

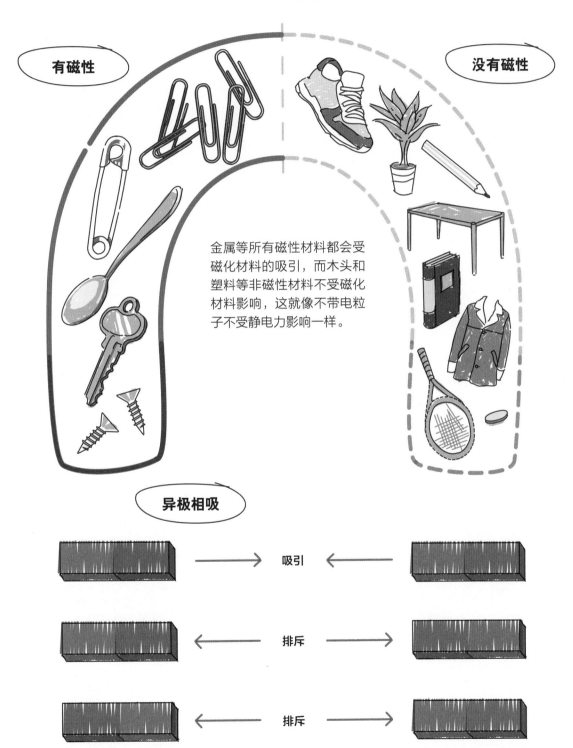

有磁性

没有磁性

金属等所有磁性材料都会受磁化材料的吸引，而木头和塑料等非磁性材料不受磁化材料影响，这就像不带电粒子不受静电力影响一样。

异极相吸

吸引

排斥

排斥

牛顿定律

牛顿系统性地阐述了关于力如何影响运动的三个基本定律。这三个定律分别表述如下：

1 除非受到一个外力的作用，一个物体将保持静止（稳定）或继续以恒定的速度运动。

2 一个物体的加速度与其受到的合力大小成正比，且加速度方向与力的方向相同。这表明，以相同的速率运动，更大的质量需要更大的力来加速。

3 每一个作用力都有一个大小相等、方向相反的反作用力。这表明，如果力作用于一个物体，这个物体将在相反方向上提供一个大小相等的力。

你已经看到了，如果一个合力作用于一个物体，它将加速。**加速度**是描述物体速度变化快慢的物理量。

如右图所示，火箭发动机提供推力（T），推力比重力和阻力的合力（G+D）要大。力的这种不平衡产生了向上的加速度。它的速度（蓝色的矢量）会增加，如速度一时间关系图中所示。火箭升空的每张快照，都按同一个固定时间间隔分开；火箭在每个时间段中飞过的距离（由黄色箭头显示）都显示在距离一时间关系图中。

速度一时间图

距离一时间图

一枚火箭，由于它的推力（T）比它的重力（G）与阻力（D）之合力要大，因而向上加速。蓝色的箭头表示增大的速度；黄色的箭头表示增加的距离。

速度增加的快慢与两个因素有关：力的大小和物体的质量。这意味着加速一个质量较大的物体需要一个较大的力。

牛顿（力的单位）

牛顿通过阐述他的第二定律，来定义1牛顿（N）的力。1牛顿的力使1千克（kg）质量的物体产生1米/二次方秒（m/s²）的加速度。以上内容用公式表示为

$$F = ma$$

F是施加的力，以牛顿（N）为计量单位；m是物体的质量，以千克（kg）为计量单位；a是产生的加速度，以米/二次方秒（m/s²）为计量单位。在相同的加速度下，要用一个更大的力加速一个更大质量的物体。

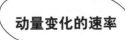

动量变化的速率

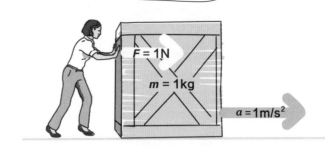

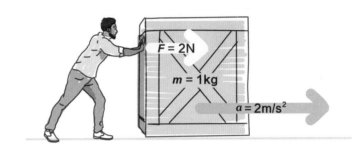

上述情况说明，假设柳条箱和地面之间没有摩擦力，那么在相同时间段内，力是2N时与力是1N时相比，**动量变化**的速率增加1倍。

这里是力的单位——牛顿的另一个定义。**动量**（p）为一个物体的质量与其速度的乘积，以千克·米/秒（kg·m/s）为度量单位。按照公式$p=mv$，其中p为动量，m是物体的质量，单位为千克（kg），v是速度，单位是米/秒（m/s）。

一只捕鱼的翠鸟扎猛子入水时具有一个大的动量，尽管翠鸟的质量较小，但其速度快。一头慢吞吞移动的熊也有一个大的动量，因为它的质量大。一只翠鸟与一头熊相比，翠鸟的动量较小。熊的质量比翠鸟的质量大6000倍，但熊的动量却只大1200倍。

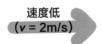

速度低
（v = 2m/s）

$p=2 \times 200=400$ kg m/s

大质量物体
（m = 200kg）

小质量物体
（m = 0.03kg）

速度快
（v =11m/s）

$p=0.03 \times 11=0.33$ kg m/s

✓ 小结

作用力是由推进产生的推力。

拉力

拉力是在可拉伸的介质中产生张力。

作用力

摩擦力由两个物体表面之间的阻力产生，或在一个物体穿过一种流体时产生。

摩擦力

接触力

弹力

弹力是由一个被外力拉伸的弹性材料所产生的恢复力。

法向反作用力

法向反作用力是一件重物置于一个硬的物体表面上所产生的力。

胡克定律

将一个弹簧拉伸或压缩一段距离的力的大小，与该段距离成正比。

矢量

矢量是描述大小和方向的量。

力

运动定律

动量

动量＝质量（m）×速度（v），单位为kg·m/s。

牛顿

牛顿是力的度量单位。1牛顿使1千克质量的物质产生1米/平方秒的加速度。

牛顿的三个运动定律

第一定律

一个物体将保持静止或以恒定的速度运动，直到受到外力作用。

第二定律

物体加速度的大小与其受到的合力的大小成正比，与物体质量成反比。

第三定律

每个作用力都有一个大小相等、方向相反的反作用力。

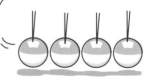

万有引力是在宇宙中任何两个物体之间的吸引力。万有引力总是吸引的力。

万有引力

牛顿的万有引力定律

两个物体之间的力的大小，与两个物体质量的乘积成正比，与两个物体之间的距离的平方成反比。

重力

重力是由万有引力产生的力，单位为牛顿（N）。（1N约对应0.1097kg）

质量

质量是衡量物体含有多少物质的度量，单位为千克（kg）。

$$F = kx$$

$$F = \frac{Gm_1 m_2}{r^2}$$

非接触力

核力

核力是把原子核结合在一起构成不同元素的力。核力总是吸引的力。

磁力

磁力只对某些材料有影响，且需要通过磁场起作用。磁力既可以是吸引力，也可以是排斥力。

加速度

加速度是描述物体速度变化快慢的物理量。

静电力

静电力仅由两个带电的粒子产生。静电力既可以是吸引力，也可以是排斥力。

第二章

匀变速运动

如果物理学家做一些假设，他们就能够预测一个物体的运动状态。物体的运动可由多个参数进行描述，这些参数将决定物体的位置和到达的时间。这些参数包括初始速度、最终速度、位移、加速度和时间。

在物体整个运动过程中，我们假定加速度是恒定的常量，运动方向保持直线，并且这个被称为质点的物体的大小可以忽略不计（它没有物理尺寸）。这种对物体运动的处理方式，极大地简化了所涉及的数学问题，而且使得我们可以预测一个质点的运行轨迹。

质点位置

在研究一个物体（在此称为质点）的运动时，你可用该物体相对于空间任意一点的位置来记录这个质点的运动，空间中的这个点称为原点。原点通常被设定为质点行程（$t=0s$）开始的位置。在现实中，运动是发生在三维空间内的，但这里我们对它进行了简化。

位移和距离

在日常生活中，我们用行程这个词来谈论旅行所经过的距离。在应用匀变速运动方程时，我们使用的词汇是**位移**，以符号s表示。

像力一样，位移是一个矢量，表示在一个特定方向上移动的距离。与距离不同，位移测量的是在任何时间（t），一个质点相对于原点的位置。在通常情况下，可以通过建立一个一维、二维或三维的坐标系来实现。

位移可以是负值，这发生在这个质点所处的位置位于坐标系的负轴区域时。不过，从原点到质点的距离永远都不能是负数，因为它描述的是一个物理长度。

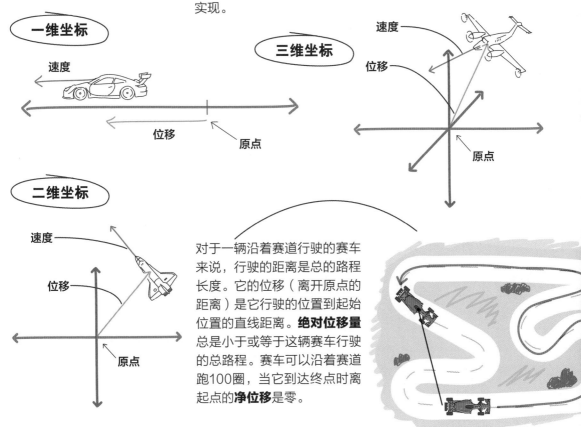

对于一辆沿着赛道行驶的赛车来说，行驶的距离是总的路程长度。它的位移（离开原点的距离）是它行驶的位置到起始位置的直线距离。**绝对位移量**总是小于或等于这辆赛车行驶的总路程。赛车可以沿着赛道跑100圈，当它到达终点时离起点的**净位移**是零。

质点运动

除了确定一个质点的位置外，物理学家还需要掌握它的速度，速度符号是 v。作为另一种矢量，**速度**代表质点的速率（单位为米/秒，符号是m/s）以及其移动的方向。速度变化的快慢用**加速度**表示，速度的变化为速率或（和）其方向的变化。

速度和速率

速度可以表示为它相对于某一个坐标轴的夹角，或表示为**矢量形式**，即用它在每个坐标轴上的分量来表示。

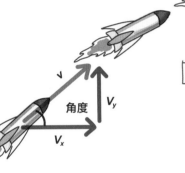

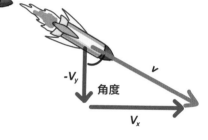

1 在二维空间里，一枚火箭的运动可由它在水平方向的速度分量和在垂直方向的速度分量进行描述。当这枚火箭上升时，速度的这两个分量都是正值。

2 当火箭开始下降时，速度的垂直分量变为负值。合成速度为直角三角形的斜边，它的长度代表质点的速率。合成速度总是正值。

知道了质点速度对时间的函数关系，我们就能预测质点所在的位置（位移）。然而，正如你已知的，根据牛顿第二定律（$F=ma$），如果一个外力作用于这个质点，它的速度将会改变。

最简化的处理方法是假设任何外力都是恒定的常量，因此，形成的加速度也是恒定的常量。这极大简化了涉及的数学问题，使我们能够非常容易地计算出质点速度的变化，并且在任何时间点跟踪到质点的位移。

为了简化方程式，我们只考虑一维运动（沿一条直线）的情况。因此，速度只可能有两个方向：向前的（数值为正的速度）以及向后的（数值为负的速度）。

击球

反向作用力

球棒击中棒球，通过一个反向作用力使球反向运动。

被击中的球作为一个抛物体以初始速度离开球棒，初始速度取决于球与球棒接触的角度、速率和时间。

速度

加速度

正如你在第一章中所了解到的，力引起加速度，即速度的变化。在特定方向上施加一个作用力，将使一个质点朝着与力相同的方向做**加速**或**减速**运动。

加速度是一个矢量，能够衡量一个质点改变速度的比率，既可以是运动的速率变化，也可以是其方向上的变化，还可以是两者同时发生的变化程度。

一个加速度作用的方向与外力作用的方向完全相同，并且外力对这个质点的影响取决于作用力的大小和这个质点的质量。

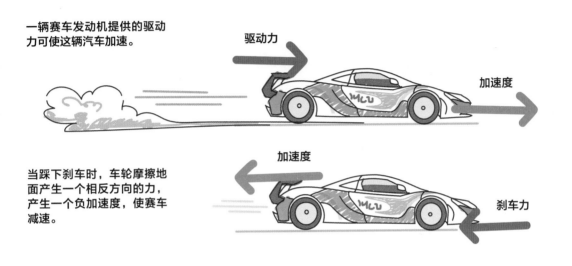

一辆赛车发动机提供的驱动力可使这辆汽车加速。

驱动力

加速度

当踩下刹车时，车轮摩擦地面产生一个相反方向的力，产生一个负加速度，使赛车减速。

加速度

刹车力

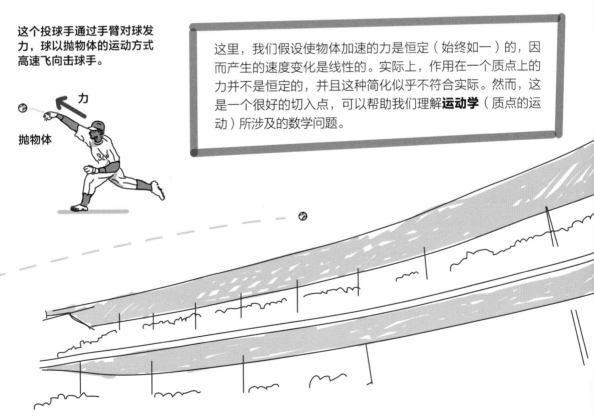

这个投球手通过手臂对球发力，球以抛物体的运动方式高速飞向击球手。

力

抛物体

这里，我们假设使物体加速的力是恒定（始终如一）的，因而产生的速度变化是线性的。实际上，作用在一个质点上的力并不是恒定的，并且这种简化似乎不符合实际。然而，这是一个很好的切入点，可以帮助我们理解**运动学**（质点的运动）所涉及的数学问题。

运动图

一个质点的运动可以用图来说明，即通过时间（t）的延续，观测质点速度（v）或位移（s）的变化。利用运动图，你可以观测各种运动特性，例如加速度（a）、总移动距离等。运动图也能够推导出运动方程，用它可对运动特性进行计算。

速度—时间图

速度—时间图是一种直观的表达方法，可以用它来观察随着时间的推移（横轴，以字母t标识），一个质点速度的变化（纵轴，以字母v标识）。在一维空间内，由于质点的速度只能为正数或负数，因此它的速度被记为位于横轴之上的正值，或位于横轴之下的负值。

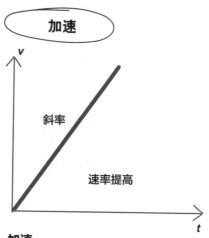

加速

一个加速的质点在图中呈现的是一个斜率为正值的直线（向上倾斜）。

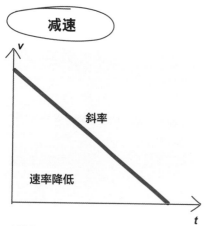

减速

一个减速的质点或负的加速度在图中呈现的是一个斜率为负值的直线（向下倾斜）。

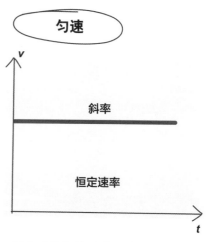

恒定或均匀的速度，在图中由一条水平线来表示，表明没有加速度。

多段速度一时间图表示运动的距离、速率和时间之间的关系（距离＝速度×时间）。通过多级速度一时间图可以计算出从原点开始的质点移动的距离和位移。

在**等加速度**情况下，多级速度一时间图由一系列直线组成，每一条直线代表在不同加速度下质点行进的阶段。

加速度描述的是速度的变化有多快，由斜率表示。在一个固定时间段内，斜率（速度的变化或变化持续的时间）越大表明速度变化越快。

位于时间轴（x轴）之下的部分，表示质点朝着相反（负）的方向运动，负值越大表示速率越快。

多段速度一时间图

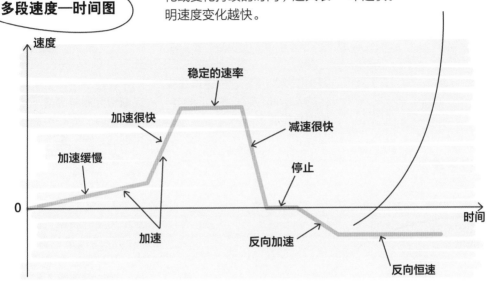

计算距离和位移

将图中各线段所围成的面积相加，可以得出质点离开原点的位移。按规定，位于时间轴下方的面积是负数。图中各线段和时间轴中形成的总的面积值，即每个区域面积按正值相加，表示总的距离。

因为这个图全部由直线组成，所以要计算行程的总长度，可以先把该图拆分成几个单独的图形，然后分别计算每个图形的面积，再将其相加。在通常情况下，这种计算方法比较简单。

速度一时间图中距离的计算

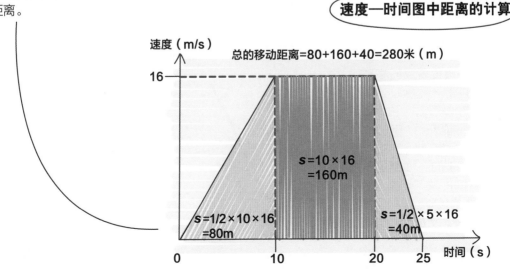

总的移动距离＝80＋160＋40＝280米（m）

$s=1/2 \times 10 \times 16 = 80m$

$s=10 \times 16 = 160m$

$s=1/2 \times 5 \times 16 = 40m$

位移—时间图

位移—时间图显示的是在任何时间下，一个质点相对于原点的位置。因为速率是由移动的距离除以所用的时间得出，所以位移—时间图的坡度或斜率代表的是质点的速度。

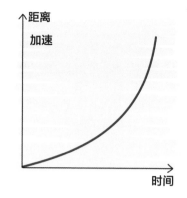

如果质点加速，它的速度是变化的，因此位移—时间图的斜率也是变化的，并呈现为一条曲线。

一个加速的物体呈现的是一个**逐渐增大的斜率**或一条向上变陡的曲线。而一个减速的物体呈现的是一个**逐渐减小的斜率**或一条变平缓的曲线。

自由落体图

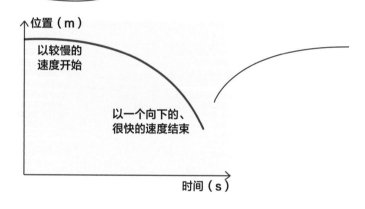

一个加速的质点，在每个固定时间段内行进的距离不断增大。从地面上方高处落下的物体，将从**零速度**（斜率为零）开始，加速（负斜率值增大）落向地面。

一个以**恒定速度**移动的质点，可以用一条非零斜率的直线来表示。这条线越陡，表明质点移动得越快。一个正的斜率表示一个向前移动的质点；一个负的斜率表示向后移动的质点，即从起始位置反向移动（并越过它）的一个质点。水平线表示质点是静止的，因为质点距离原点的位移保持不变。

在位移—时间图上，如果这一条线位于时间轴之下，表示质点已经从它的最初位置向反方向移动，即一个负位移。

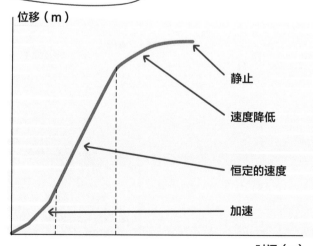

弹力球

一个弹力球从 h 米的高度落下，由于重力作用，将以 $9.8m/s^2$ 的恒定重力加速度加速落下。用逐渐增大负的斜率来表示速度垂直向下增加。在这个例子中，原点代表地面，而不是球的初始位置，它是球最终停止的位置。弹力球每弹跳一次，它的能量就会损失一些，最终会停止弹跳。当位移是零时，弹力球撞击地面，然后以正向速度弹回（垂直向上运动），但弹回的速度小于其撞击地面时的速度，因为撞击使球损失一些能量。

在位移—时间图中，随着速度的方向从上升到下降的变化，斜率会在正负之间波动。当球撞击地面并弹回时，球的方向有一个瞬时的变化。当然，这不完全准确。实际上，球在其速度变慢收缩、反向运动时再次膨胀。

位移—时间图看起来就像一个沿着时间轴弹跳的球的运行轨迹。

弹力球的位移—时间图

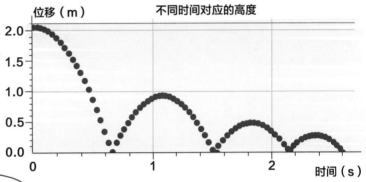

不同时间对应的高度

弹力球的速度—时间图

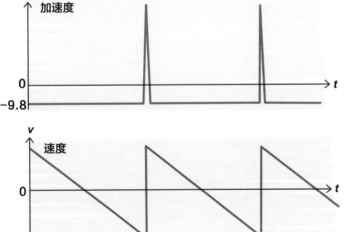

1　弹力球的速度—时间图显示，球在撞击地面时球速是怎样反转并在弹回时变为正值的。之后，球速降低，在球达到最高点时球速变为零，然后开始以逐渐增加的负的加速度向下降落。

2　随着能量以声音和热量的形式被损耗，最大的回弹速率逐渐减小。在球弹回前，速度—时间图的斜率保持负的恒定值。

3　除弹力球撞击地面的瞬间之外，这个斜率显示出重力加速度是恒定的常量。

恒定加速度

当一个质点在运动过程中的加速度始终恒定时，可用简单的方程式来描述这一运动过程。速度均匀地增加即恒定加速，就像在重力作用下的运动一样。

运动方程式

运动方程式可由一幅简单的速度—时间图导出，即一个质点在t秒时间内从初始速度u，均匀加速到最终速度v。

在很多国家，这些方程式被称为SUVAT方程式，各个字母代表下列变量：s表示距离，u表示初始速度，v表示在时间t时的速度，a表示加速度，t表示时间。这个叫法更加朗朗上口，并且方便记忆和温习。

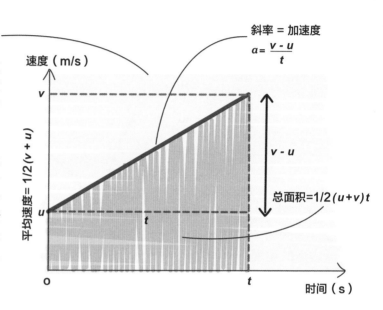

斜率 = 加速度
$$a = \frac{v - u}{t}$$

速度（m/s）

平均速度 = 1/2($v + u$)

$v - u$

总面积 = 1/2($u + v$)t

t

时间（s）

加速度a，可用斜率计算：

$$a = \frac{v - u}{t}$$

位移用字母s表示，可以通过计算图形（不规则四边形）内的面积得出。计算梯形的面积时，可把它简化为一个长方形，先计算出两个边长的平均值，然后乘以这个长方形的高。就这幅图形而言，它代表先找到质点的平均速度，然后乘以移动所用的时间t。

这是得出的方程式：

$$s = \frac{1}{2}(u + v)t$$

这两个方程式可以在数学上合并为以下两个公式：

$$s = ut + \frac{1}{2}at^2$$

$$v^2 = u^2 + 2as$$

这四个公式统称为**运动方程**。只要给出一些质点的初始状态信息，例如初始速度、加速度和移动时间，通过这些公式可使物理学家预测一个质点的运动。这些公式适用的条件是：质点的加速度是恒定的，且得知三个初始信息。

在重力作用下，加速度a要换成重力加速度g（9.8m/s²）。

抛物运动

抛物体是仅由重力加速的任何质点。它可以是从**高处落下**、**向上抛出**的物体，也可以是以一个与地平线不成90°的倾角**发射**的物体。一旦处于运动状态，这个物体的运动轨迹仅由重力控制（空气阻力这里可忽略不计）。这个抛物体的运动轨迹称为**弹道**。弹道随物体发射的角度和速率的不同而变化。

如果一个物体从高处落下，它将向下加速。在重力作用下，它的垂直速度（V_y）以9.8m/s²的加速度增加。

如果从相同高度水平发射同一个物体，该物体从发射到撞击地面所用的时间是相同的。同时这个物体也具备一个水平速度分量（V_x）。

水平速度分量（V_x）在物体整个飞行期间保持不变。随着速度的垂直分量（V_y）的增加，形成的运动轨迹是一条平滑的曲线，我们称之为**抛物线**。

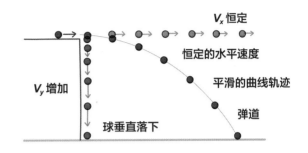

V_x 恒定

恒定的水平速度

平滑的曲线轨迹

弹道

V_y 增加

球垂直落下

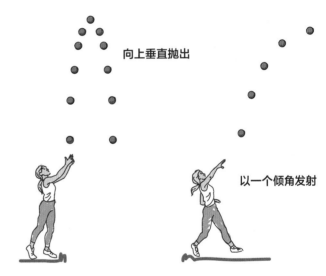

向上垂直抛出

从高处落下

以一个倾角发射

抛物体水平移动的距离称为**射程**，用字母x表示，它与物体的水平速率和它在空中滞留的时间直接相关。

对一个抛物体来说，**上升**（向上运动）以及下降（向下运动）的时间相同。时间的长短取决于抛物体所达到的最大高度。总的时间称为**飞行时间**。

如果一个物体发射时速率相同但角度不同，其射程将发生变化。抛物体的射程由物体水平速度乘以飞行时间得出。在发射速度一定时，与水平线成45°角发射时的射程最大。

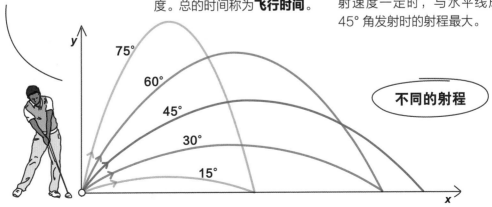

y

75°

60°

45°

30°

15°

不同的射程

x

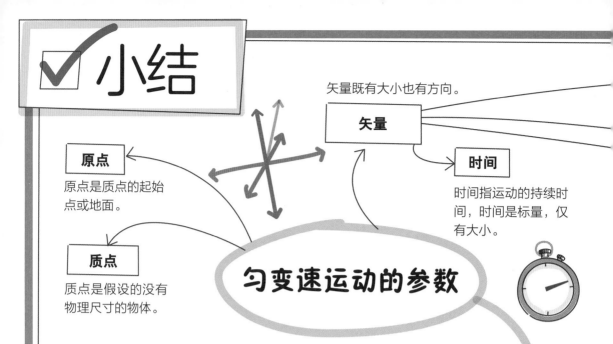

✓ 小结

矢量

矢量既有大小也有方向。

原点

原点是质点的起始点或地面。

质点

质点是假设的没有物理尺寸的物体。

匀变速运动的参数

时间

时间指运动的持续时间，时间是标量，仅有大小。

匀变速运动

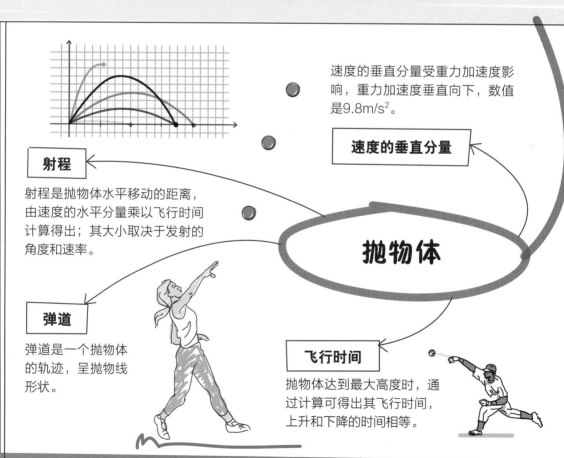

速度的垂直分量受重力加速度影响，重力加速度垂直向下，数值是9.8m/s²。

速度的垂直分量

射程

射程是抛物体水平移动的距离，由速度的水平分量乘以飞行时间计算得出；其大小取决于发射的角度和速率。

抛物体

弹道

弹道是一个抛物体的轨迹，呈抛物线形状。

飞行时间

抛物体达到最大高度时，通过计算可得出其飞行时间，上升和下降的时间相等。

速度

速度是质点在其运动过程中获得的速率与方向。

加速度

加速度是在质点整个运动过程中速度变化的快慢。

位移

位移是质点相对于原点的位置。

运动图

速度—时间图

斜率表示质点的加速度。在一维空间里，负的速度表示质点向后移动。

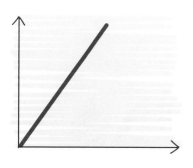

运动方程

匀变速运动的四个主要方程，从运动图中导出。

$$a = \frac{v - u}{t}$$

$$s = \frac{1}{2}(u + v)t$$

$$s = ut + \frac{1}{2}at^2$$

$$v^2 = u^2 + 2as$$

位移—时间图

斜率表示质点的速度。在一维空间里，负的位移表示质点在其原点的左面。

其中 u 是初始速度，v 是最终速度，a 是加速度，t 是时间。

第三章

绕心运动

如果没有外力的影响，物体将保持直线运动。根据牛顿第二运动定律 $F=ma$，如果外力的作用方向沿着运动方向进行，物体会加速；若外力作用的方向与运动方向相反，物体会减速。要想让物体做圆周运动，必须对其施加一个朝向圆心的力，并且使力的方向与物体的速度成90°角。施加的这种外力可采用不同方式，可以是接触力或非接触力。

绕心运动的例子

这种圆周式运动的例子有很多，例如量子世界中电子绕原子核的运动，茫茫宇宙中行星绕恒星的运动等。

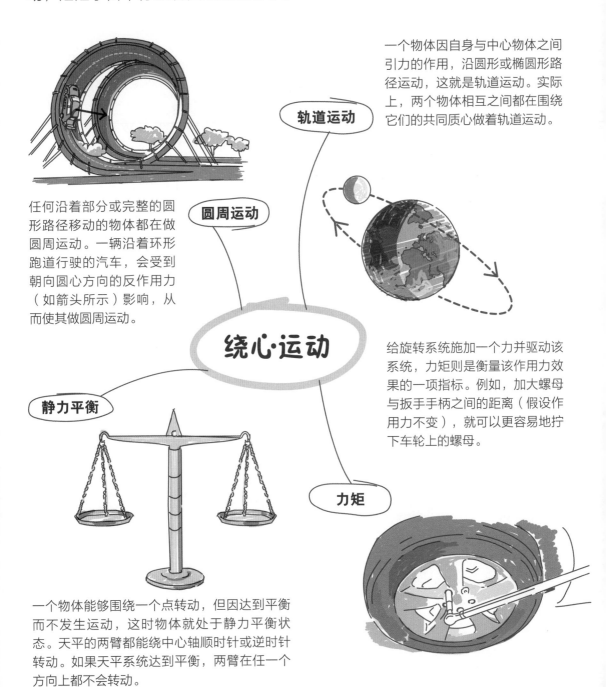

一个物体因自身与中心物体之间引力的作用，沿圆形或椭圆形路径运动，这就是轨道运动。实际上，两个物体相互之间都在围绕它们的共同质心做着轨道运动。

轨道运动

圆周运动

任何沿着部分或完整的圆形路径移动的物体都在做圆周运动。一辆沿着环形跑道行驶的汽车，会受到朝向圆心方向的反作用力（如箭头所示）影响，从而使其做圆周运动。

绕心·运动

静力平衡

给旋转系统施加一个力并驱动该系统，力矩则是衡量该作用力效果的一项指标。例如，加大螺母与扳手手柄之间的距离（假设作用力不变），就可以更容易地拧下车轮上的螺母。

力矩

一个物体能够围绕一个点转动，但因达到平衡而不发生运动，这时物体就处于静力平衡状态。天平的两臂都能绕中心轴顺时针或逆时针转动。如果天平系统达到平衡，两臂在任一个方向上都不会转动。

圆周运动

速度是一个矢量，涉及大小和方向两个要素。加速度是指速度发生改变的速率。物体做圆周运动时，其方向总在不断变化，所以即使速度的大小保持不变，该物体也总是在做变速运动。

这种情形下的加速度称为**向心**（朝向圆心）加速度。为方便讨论，你可以先假定物体的运动速度保持不变。

因为有加速度，所以必然存在着一个作用力（$F=ma$），我们称这种力为向心力，它的方向总是朝向圆心的。对于不同的系统，这个力的来源也不尽相同。

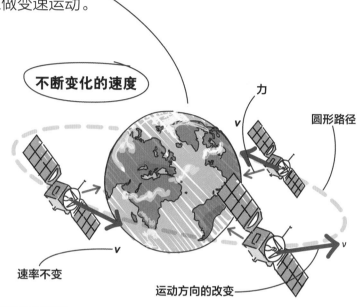

不断变化的速度

力

圆形路径

速率不变

运动方向的改变

v

v

v

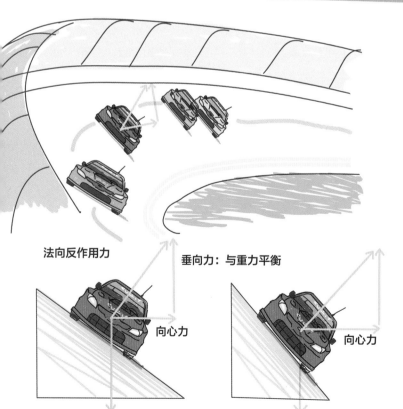

法向反作用力

垂向力：与重力平衡

向心力

向心力

戴托纳赛车

戴托纳赛道弯道处有圆形坡度，因此在戴托纳赛道上的赛车能以更快的速度行驶。这种情形与飞机在空中转弯类似，赛车在通过弯道时也会发生轻度倾斜，车与赛道之间会产生一种**非垂直的法向反作用力**（接触力），力的一个分量朝向圆圈中心，构成了防侧滑力的主要部分，其余部分则来自于车轮与车道间的**摩擦力**。

车道的坡度越大，向心的力就越大，当然这也需要更高的车速，以避免车辆沿坡面滑下去。

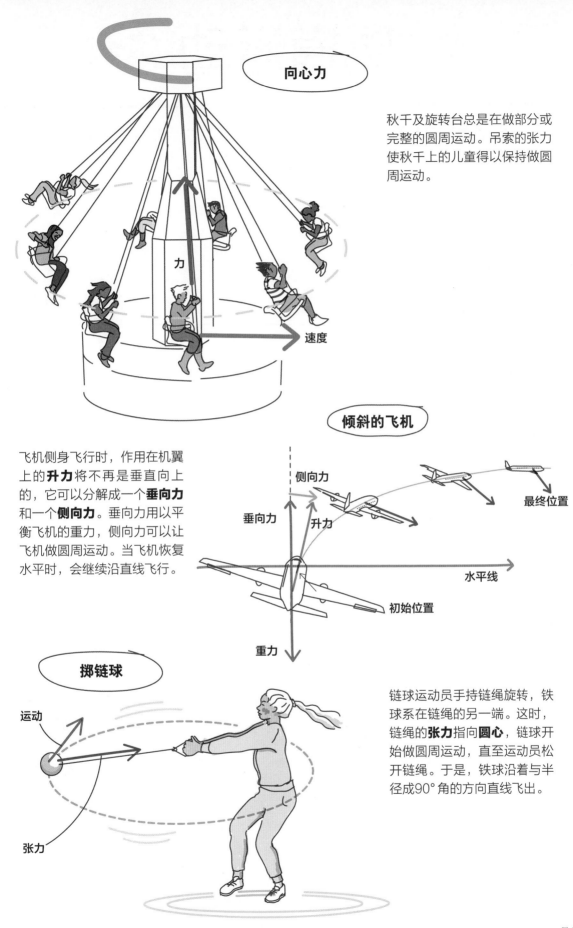

向心力

秋千及旋转台总是在做部分或完整的圆周运动。吊索的张力使秋千上的儿童得以保持做圆周运动。

力

速度

倾斜的飞机

飞机侧身飞行时，作用在机翼上的**升力**将不再是垂直向上的，它可以分解成一个**垂向力**和一个**侧向力**。垂向力用以平衡飞机的重力，侧向力可以让飞机做圆周运动。当飞机恢复水平时，会继续沿直线飞行。

侧向力

垂向力

升力

最终位置

水平线

初始位置

重力

掷链球

运动

张力

链球运动员手持链绳旋转，铁球系在链绳的另一端。这时，链绳的**张力**指向**圆心**，链球开始做圆周运动，直至运动员松开链绳。于是，铁球沿着与半径成90°角的方向直线飞出。

轨道运动

如果行星绕恒星的运动轨道是一个精准的圆，它的速度不变。然而实际上，由于行星的运动方向在不停变化，它的速度也在不断改变。因此，行星总是具有朝着轨道圆心的方向的加速度。行星与恒星之间的引力为维持行星在轨道上的运行提供了向心力。

轨道运行速率

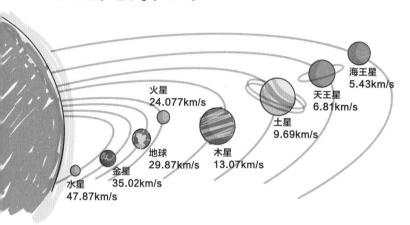

火星 24.077km/s

海王星 5.43km/s

天王星 6.81km/s

土星 9.69km/s

木星 13.07km/s

地球 29.87km/s

金星 35.02km/s

水星 47.87km/s

行星在轨道上绕行一周的时间称为**运行周期**，它取决于轨道半径和中心恒星的质量。对地球而言，这一周期约为365天，这就是我们的一年。

地球轨道非常接近于一个精准的圆形，所以地球到太阳之间的距离是固定的。也正因为如此，地球上的平均温度在其整个生命周期内基本保持稳定。

地球轨道

地球的自转轴与垂直方向的夹角约为23.5°，这决定了地球上一年中不同季节的温度变化。也就是说，北半球从4月到9月可以接收更多太阳辐射，而从10月到次年3月太阳辐射则较少。

每24小时，地球绕其自转轴旋转一周。由于太阳只能照亮半个地球表面，所以地球一天中就有了昼夜交替的现象。

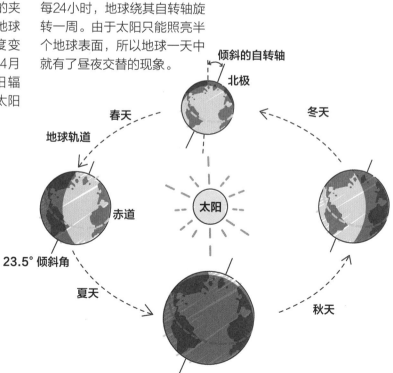

倾斜的自转轴

北极

春天

冬天

地球轨道

赤道

太阳

23.5°倾斜角

夏天

秋天

运行周期

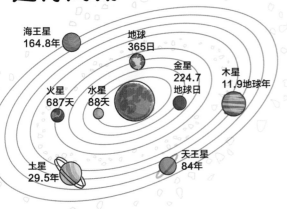

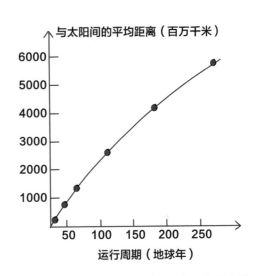

为了预测行星的运动规律，德国天文学家约翰内斯·开普勒（Johannes Kepler）提出了**轨道半径**和运行周期之间相互关系的计算公式，有关计算结果与观测结果完全相符。

开普勒把牛顿的万有引力定律与自己的观测相结合，提出了运行周期（T）、太阳质量（M）和轨道半径（r）之间的关系式，其中万有引力常数G的值为$6.67 \times 10^{-11} \mathrm{Nm^2 kg^{-2}}$。

物理学家可以用这一公式准确计算出太阳系所有行星的运行周期。

$$T^2 = \frac{4\pi^2}{GM} r^3$$

逆行

在开普勒提出行星运动定律的数年之前，波兰天文学家、数学家尼古拉·哥白尼（Nicolaus Copernicus）就提出了太阳系并非以地球为中心（**地心说**），而是以太阳为中心（**日心说**）的学说，从而引发了一场天文学革命。1543年，为了解决解释火星行为所遇到的困境，他发表了自己的学说。

从地球上观察夜空，人们会发现，火星进行着所谓的**逆行运动**：它沿着一个小的环形轨道先是向前，继而又向后运动。对此，科学家们很难做出合理的解释。直到开普勒提出行星运行轨迹与周期的计算公式以后，他们才有了深入的理解。

如果留意地球与火星的同心圆周运动及其相对速度，你就会很容易理解这个曾经令人困惑的现象。

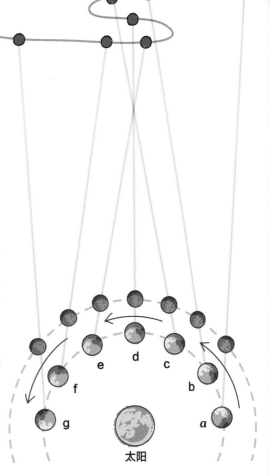

力矩

用一个刚性操作杆给转动点施加一个力，所产生的合成量就是力矩。转动物体所做的**功**（W），等于所施加的**力**（F）与**作用距离**（s）的乘积，即 $W = Fs$。

如果力的方向垂直于圆形路径的半径，距离中心点越远，作用距离就越远。这意味着，对于转动系统而言，随着作用距离的增加，转动物体所需要的力会减小。

这就是杠杆原理。利用这一原理，我们用比较小的力就能移动很重的物体，当然这要以更长的作用距离为代价。这也是长柄扳手转动起来更省力的原因。

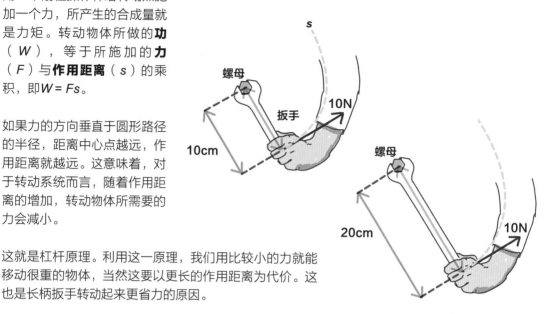

杠杆原理

螺母 扳手 10N 10cm

螺母 20cm 10N

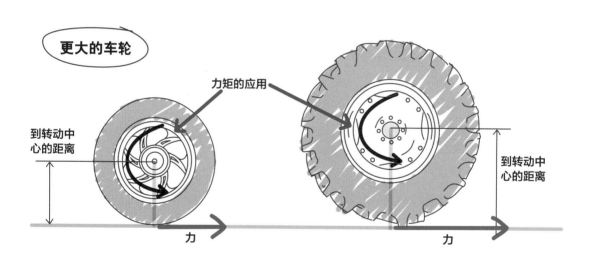

更大的车轮

力矩的应用

到转动中心的距离

力

到转动中心的距离

力

汽车通过驱动轴，将转动力传递给车轮。车轮与路面成90°角，在转动时，车轮通过与地面的摩擦产生向前的推动力。

如果汽车像拖拉机那样有一副更大的车轮，这时即使发动机的功率不变（假定使用完全相同的发动机），由于车轮半径的增加，力矩将大大增加。由于车轮的周长与其半径成正比，因此前进速度会大大降低。

在物理学中，能量是守恒的，传递能量需要施加一定的力。在转动系统中，传递的能量与所施加的力及其到转动轴的垂直距离（成90°角）的乘积成正比。

旋转运动学与动力学

如果一个旋转系统处于自由状态，它就会围绕其中心点转动。然而，系统也可能围绕转动中心点达到平衡状态，停止运动。这就是我们所说的**静力平衡**。

运动物体

物体的旋转运动可以用一组参数加以描述。

物理学家使用的参数有**瞬时速度**（v）、**圆形路径半径**（r）、**向心加速度**（a）、**角速度**（ω，即每秒所扫过的角度），以及**向心力**（F）。转动一周所需的时间称为**周期**，用字母T表示。做圆周运动的物体的向心加速度用公式表示为

$$a = \frac{v^2}{r} \text{ 或 } a = r\omega^2$$

根据牛顿第二定律（$F=ma$），相应的作用力为

$$F = \frac{mv^2}{r} \text{ 或 } F = mr\omega^2$$

公式中m为物体的质量，单位为千克（kg）。

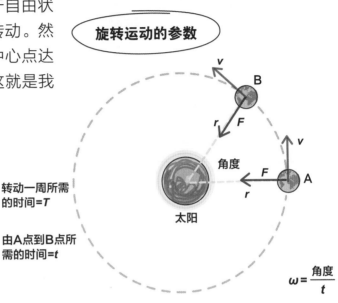

旋转运动的参数

转动一周所需的时间=T

由A点到B点所需的时间=t

角度

太阳

$$\omega = \frac{\text{角度}}{t}$$

做圆周运动的物体严格遵从这一定律。如路径半径不变，所需的力会随着物体质量的增加呈线性增加；如要提高物体的运动速度，所需的力将以更大的幅度增加。对于一定质量的绕太阳运动的物体，做半径较大的圆周运动时，速度会降低，向心力也会减小。

汽车按固定速度做圆周运动时，车轮与路面之间的摩擦会产生向心力。圆周越小，维持汽车做圆周运动所需的力就越大，当所需的力超过最大摩擦力时，汽车就会失控，滑出路面。

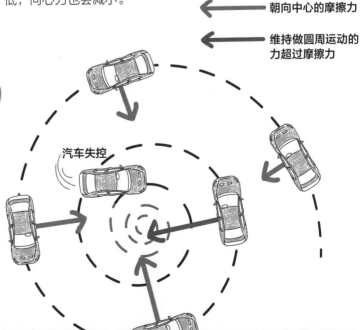

朝向中心的摩擦力

维持做圆周运动的力超过摩擦力

汽车失控

静力学

在一个旋转系统中施加一个力，物体就可以绕中心点运动。这时，如果有一个相反方向的力，而且恰好等于前面施加的那个力，就可以阻止该物体的运动。这时，我们称该物体处于平衡状态。

让我们来看一下游乐场中的跷跷板。如果一个小朋友坐在其中一端，跷跷板就会沿着中点（称为支点或枢轴）转动，直至接触到地面停止转动。如果有个体重更大的小朋友坐在另一端，跷跷板就会失去平衡并向相反方向转动。

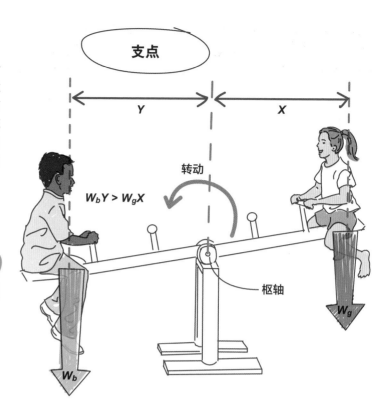

支点

转动

$W_bY > W_gX$

枢轴

W_g

W_b

这种旋转运动取决于两个因素，一个是儿童的体重，另一个是他们距离**支点**的相对距离。这两个因素结合起来就是扭矩，它的定义是力（F）与其到转动点的垂直距离（x）的乘积（$M = Fx$）。

扭矩既可以是顺时针方向，也可以是逆时针方向。就像测量能量那样，我们用牛顿·米（N·m）作为测量扭矩的基本单位。

如果顺时针扭矩的总和与逆时针扭矩的总和相等，系统即处于平衡状态，不会发生转动。这就是**扭矩平衡**原理。根据这个原理，如果跷跷板上较重的小朋友向中间点移动，他与支点的垂直距离就会减小，因而围绕支点的扭矩也会减小。在某一点上，顺时针扭矩与逆时针扭矩达到平衡，跷跷板就会处于平衡状态。

寻找平衡点

Y

X

$W_bY = W_gX$

无转动

W_g

W_b

扭矩平衡

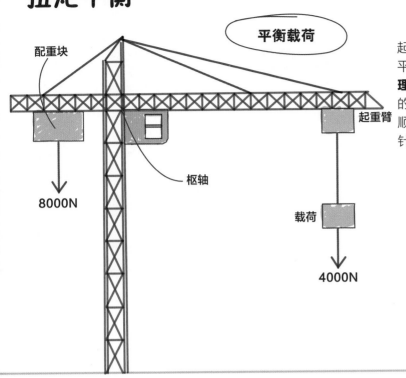

配重块

平衡载荷

起重臂

枢轴

8000N

载荷

4000N

起吊重物时，起重机为了实现平衡，运用的就是**扭矩平衡原理**。它通过改变配重块到枢轴的距离，可以让起吊物产生的顺时针扭矩与配重产生的逆时针扭矩完全相等。

其实卡车通过桥梁时的情形就是转动系统平衡的又一个例证，尽管我们并没发现任何转动的情况。

每个桥墩都是一个支点，支撑着桥梁本身以及正在通过的卡车的重量。

设想 P 为支点，桥梁与卡车都会产生逆时针方向的扭矩，它们会被第一支点的反作用力 F_A 乘以桥梁长度所得的顺时针扭矩所平衡。

卡车通过桥梁时，反作用力 F_A 和 F_B 不断变化以保持平衡，桥梁也因此保持稳定。

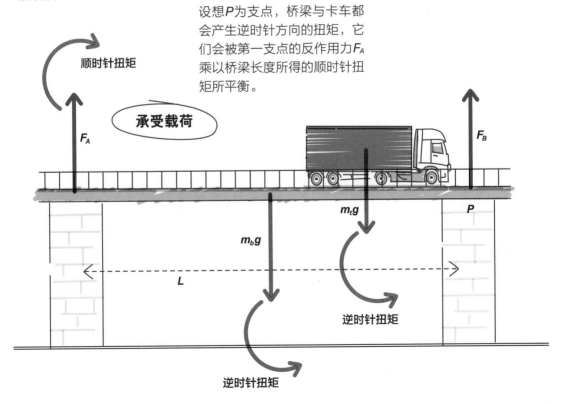

顺时针扭矩

承受载荷

F_A

$m_t g$

$m_b g$

P

F_B

L

逆时针扭矩

逆时针扭矩

✓ 小结

力的类型

秋千上的儿童利用吊索的张力做圆周运动。

向心力

电子因受其与质子之间静电引力的束缚而沿着轨道运动。

静电力

圆周运动

摩擦力

借助轮胎与道路之间的摩擦力，汽车能够转弯。

引力

因各自质量产生的引力作用，行星环绕恒星做轨道运动。

绕心运动

扭矩

扭矩是施加在能自由转动的刚性物体的力与其作用点到物体的垂直距离的乘积。

向心加速度

如果对物体施加一个指向圆心的外力，物体将产生指向圆心的加速度。

$$a = \frac{v^2}{r} \text{ 或 } a = r\omega^2$$

静力学

旋转运动学与动力学

静力平衡

当顺时针扭矩的总和与逆时针扭矩的总和相等时，物体达到静力平衡。

向心力

向心力是指向圆心的力，有不同的来源，例如绳索的张力。

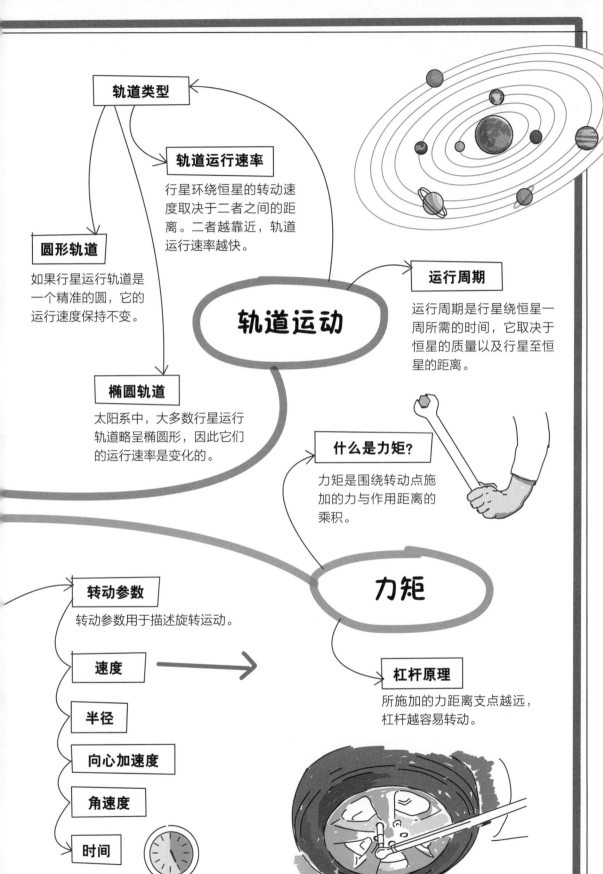

轨道类型

轨道运行速率

行星环绕恒星的转动速度取决于二者之间的距离。二者越靠近，轨道运行速率越快。

圆形轨道

如果行星运行轨道是一个精准的圆，它的运行速度保持不变。

轨道运动

运行周期

运行周期是行星绕恒星一周所需的时间，它取决于恒星的质量以及行星至恒星的距离。

椭圆轨道

太阳系中，大多数行星运行轨道略呈椭圆形，因此它们的运行速率是变化的。

什么是力矩?

力矩是围绕转动点施加的力与作用距离的乘积。

力矩

转动参数

转动参数用于描述旋转运动。

速度

半径

向心加速度

角速度

时间

杠杆原理

所施加的力距离支点越远，杠杆越容易转动。

第四章

守恒定律

物理定律适用于世间万物。掌握了物理定律，物理学家就能通过对能量、动量、电荷等各种量的观察和计算进行预测。在一个封闭系统中，某些量是恒久不变或是守恒的，这是物理学中一条牢不可破的定律。例如，宇宙中的能量是固定的，不同能量形式可以相互转化，但绝不会凭空增加或消失。

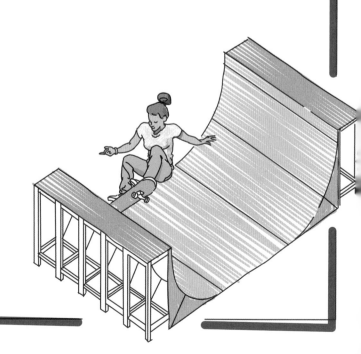

守恒定律的类型

在物理学中，人们利用一些最基本的规律来解释许多不同事物相互作用的结果。有些物理量永远是守恒的。在这一节中，我们将着重讨论最重要的几个物理量：能量、线动量、角动量以及电荷。

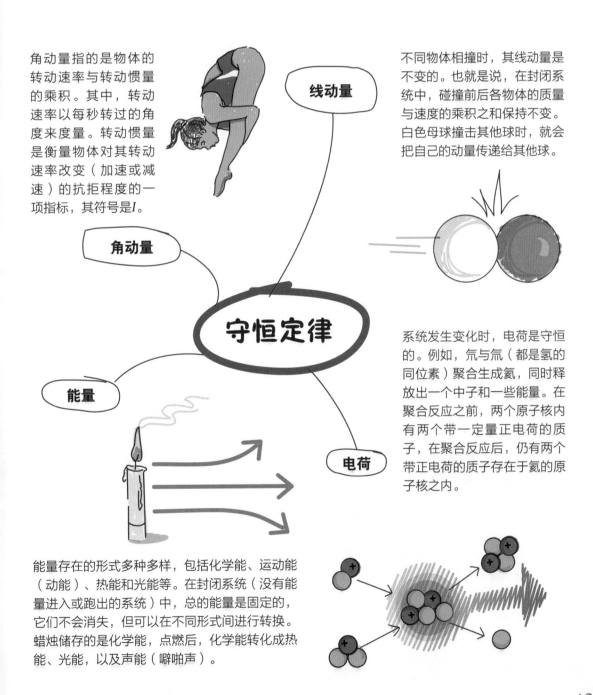

角动量指的是物体的转动速率与转动惯量的乘积。其中，转动速率以每秒转过的角度来度量。转动惯量是衡量物体对其转动速率改变（加速或减速）的抗拒程度的一项指标，其符号是 I。

不同物体相撞时，其线动量是不变的。也就是说，在封闭系统中，碰撞前后各物体的质量与速度的乘积之和保持不变。白色母球撞击其他球时，就会把自己的动量传递给其他球。

系统发生变化时，电荷是守恒的。例如，氘与氚（都是氢的同位素）聚合生成氦，同时释放出一个中子和一些能量。在聚合反应之前，两个原子核内有两个带一定量正电荷的质子，在聚合反应后，仍有两个带正电荷的质子存在于氦的原子核之内。

能量存在的形式多种多样，包括化学能、运动能（动能）、热能和光能等。在封闭系统（没有能量进入或跑出的系统）中，总的能量是固定的，它们不会消失，但可以在不同形式间进行转换。蜡烛储存的是化学能，点燃后，化学能转化成热能、光能，以及声能（噼啪声）。

封闭系统

许多物理量是可被测量的，我们可以通过测量来预测某一个或某一系列事件的结果，包括位置、动量以及系统总能量等。一个系统可以包含多个对象，例如大量气体分子；也可以只包含一个物体，例如一个篮球。在没有任何质量或能量与外部交换时，这个系统就是孤立的封闭系统。

完全孤立的封闭系统

在封闭系统中，总能量、电荷、线动量与角动量都是一定的，尽管它们可以在系统内不同的对象之间进行传递。

一个完全绝热的容器，里面充满了空气，没有热量可以通过空气分子的运动传入或传出，这就是一个封闭系统。能量可以在空气分子之间传递，但系统总的净能量保持不变。

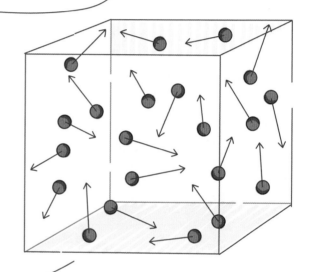

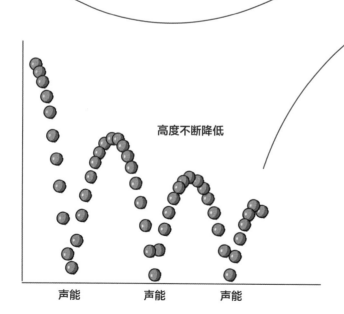

高度不断降低

声能　　声能　　声能

一个在地板上弹跳的球也可以被模拟成一个封闭系统，当然这个系统也包括周围的空气和地板。当球弹跳时，能量转化成声波与热量，因而球的动量不断减少，最终变为零。

事实上，这种概念模型并不是封闭系统，它与外部世界存在联系，所以能量交换也会发生。通过系统封闭的假设，我们可以建立模型，对整体系统进行预测。

能量守恒

能量以多种形式存在，例如动能（运动能量）、势能（贮存能量）、热能、光能、化学能等。能量很容易在不同形式间转化，也可以在不同物体间交换。能量既不会凭空产生，也不会凭空消失，这是它的基本属性。

运动的物体具有**动能**（E_K）和动量。只要不是在真空中，物体在通过流体（例如水）时，与流体分子接触产生与运动方向相反的摩擦力。

潜水者通过与水分子的接触将能量传递给水，将自身动能转化成了水分子的动能，使水的温度升高。因为损失了能量，如果潜水者不施加向前的推力，潜水者的速度就会降下来。

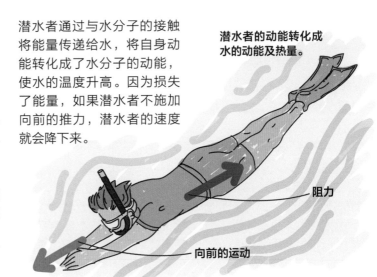

潜水者的动能转化成水的动能及热量。

阻力

向前的运动

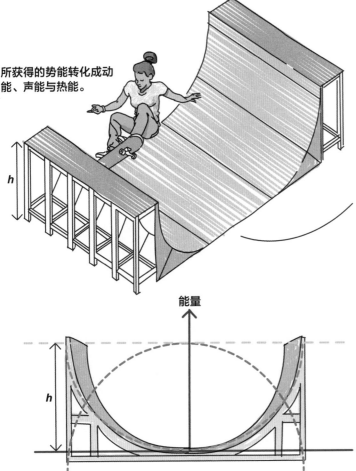

所获得的势能转化成动能、声能与热能。

质量为m的滑板运动员沿坡道上升到高度为h米的位置，这时她获得了**势能**（$E_P=mgh$）。在重力（g）的作用下，当她从坡道加速下滑时，势能转化为动能（$E_K=1/2mv^2$）。这时，其中的部分能量以声音的形式传递给空气分子。在滑动过程中，所有势能都将转化成运动员的动能以及因摩擦导致空气温度上升的热能。

随着时间的推移，所有系统都会将能量转化成不同形式（通常为热和声音），并在更大范围内进行传播。能量转化过程通常是不可逆的，整个系统也将处于更加无序的状态。这种情形就是所谓的**熵**。然而，不管系统变得怎样无序，它的总能量不会改变。

能量

h

- - - - - 总能量
- - - - - 势能
- - - - - 动能

碰撞

通过能量守恒定律，我们可以对涉及能量交换、热传递以及不稳定核子的放射性衰变等物理过程进行有效预测。

系统内不同物体相互撞击时，既有能量交换，也有动量交换。这个过程非常复杂。物理学家将碰撞的物体视为正面撞击、不发生旋转运动的质点，从而使问题得以简化。

虽然现实条件下，碰撞几乎总是有一定**倾斜**角度（并非完美的正面碰撞），但是这些误差对于估算多次重复的碰撞试验的平均值而言，影响可忽略不计。

相互碰撞的物体

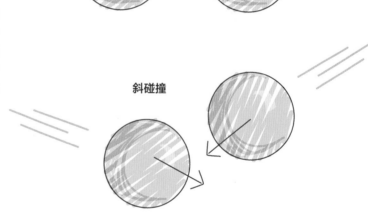

正面碰撞

斜碰撞

质点被认为是**不可压缩的**，也就是说，它们具有刚性，不会发生形变。这是对真实世界的又一次大胆简化，但又是一个很好的起点，我们因此可以建立起更精确的模型。

球被压缩

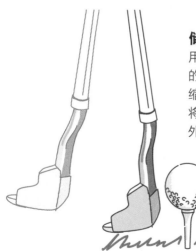

储存能
用高尔夫球杆击球时，动量从球杆传到球上，球被压缩，其中的部分能量以**弹性势能**的形式储存在球体，这时的球体受到压缩；球在飞离球座时开始膨胀并恢复原状，释放出弹性势能并将其转化成动能，推动球前进。除少部分能量通过热量损失外，这时球的动能等于挥动球杆的动能。

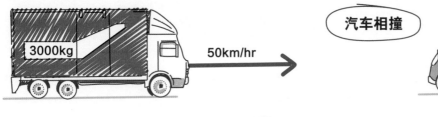

汽车相撞

3000kg　50km/hr →

1000kg

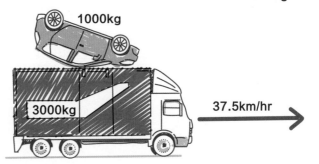

1000kg

3000kg　37.5km/hr →

碰撞可分为两类：理想的**弹性碰撞**与**非弹性碰撞**。

就理想的弹性碰撞而言，我们假设物体间实现了完全的能量交换，系统中全部物体的动能总量没有任何损失。在这样的系统中，碰撞不引起热能及声能的转换，所以运动速率得以保持，但运动方向会发生改变。

非弹性碰撞的情况有所不同。在非弹性碰撞中，由于碰撞时发生了热能及声能的转化，因而动能降低。也就是说，因为能量被转化成其他形式，所以碰撞前物体的动能总和大于碰撞后的动能，导致物体的平均速度降低。

有些非弹性碰撞，例如两辆汽车相撞时，二者叠在一起同向运动，但速度有所降低。

理想气体分子

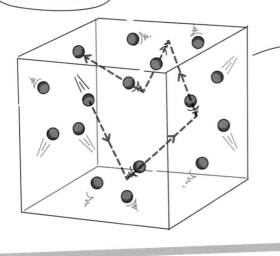

在理想的弹性碰撞的情况下，动能与动量都是守恒的。例如容器中**理想气体**分子间相互碰撞，气体分子的速度取决于气体的温度。

非弹性碰撞只有动量保持不变。

弹性碰撞和非弹性碰撞中，线动量总是守恒的。

弹性碰撞　　　　　非弹性碰撞

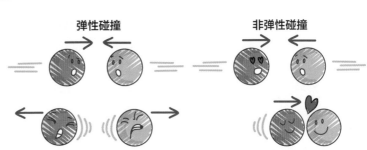

线动量守恒

如第一章所述，线动量（p）等于物体的质量与其速度的乘积（$p=mv$）。当两个或多个物体相互作用时，例如发生碰撞，线动量保持守恒。这就是我们所说的**线动量守恒原理**。

动量是个矢量，在一维环境中，它的方向取决于运动方向。若规定向右为正，则其中向右运动为**正**，向左运动为**负**。

-v m/s
$p=-mv$ kg m/s

+v m/s
$p=+mv$ kg m/s

分散的动量

一个台球沿正向撞击另一个相同质量的静止球。发生撞击后，各球的状态取决于每个球的质量以及能量的传递效率。

反弹

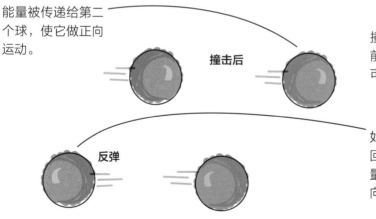

第一个球

撞击前

第二个球

撞击

撞击后两球的动量之和等于撞击前第一个球的动量。

能量被传递给第二个球，使它做正向运动。

撞击后

撞击后，第一个球可能继续前进，但其速度会降低，也可能被弹回。

反弹

如果第一个球在撞击后被弹回，它的速度为负，因此动量也为负，它会沿相反的方向运动。

后坐力

上膛的子弹在发射前是静止的，其速度为零，因而动量也为零。扣动扳机后，在火药能量的作用下，子弹同步获得动能，速度迅速提高。

此时，步枪因获得负动量，会朝相反方向产生后坐力，由于步枪质量较大，因而速度要小得多。

子弹与步枪的动量大小相等、方向相反，所以二者**动量之和**为零。

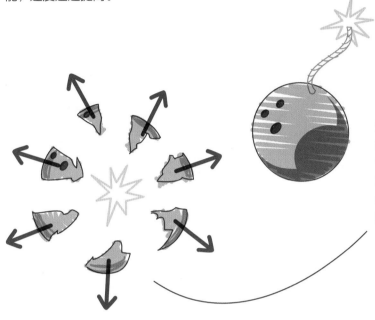

爆炸

烟花或爆炸物也会保持动量守恒。燃爆之前，它们的速度为零。一旦燃爆，所形成的碎片会沿各个方向加速飞出，这时动量之和仍为零。

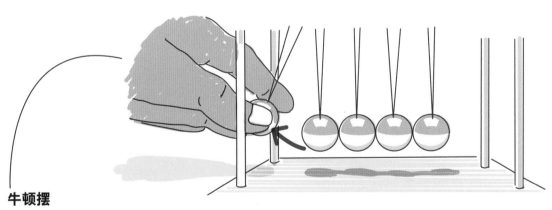

牛顿摆

牛顿摆完美地诠释了动量守恒定律。当运动的球撞击一组静止的刚性球时，运动球的动量传至这组静止球另一端具有相同质量的球上，系统动量守恒，动能不变。撞击产生的声音会造成能量损失，所以系统速度会逐渐降低。

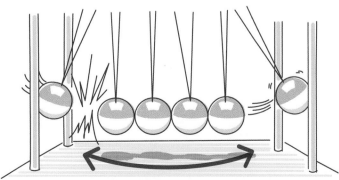

角动量守恒

角动量是物体在做旋转运动时所展现出的一种属性，其符号是 L。角动量的大小取决于物体自身质量以及质量相对于转动轴的距离。与距离转动中心较远的物体相比，靠近转动轴的物体在相同旋转速度下，角动量更低。

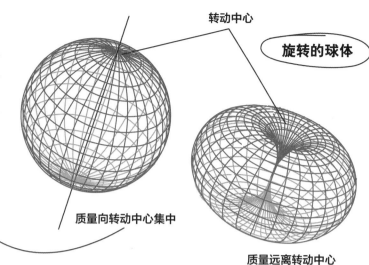

转动中心

旋转的球体

质量向转动中心集中

质量远离转动中心

旋转速度降低

旋转速度提高

旋转的滑冰运动员

当质量的分布状况发生改变时，处于一个孤立体系中的角动量是守恒的。

滑冰运动员在旋转过程中改变体态，她的角动量仍保持守恒。如果她收拢双臂，由于身体质量与转动中心的平均距离减小，旋转速度会加快。

一颗旋转的恒星在其生命周期的后期开始逐渐坍缩，这时，它的旋转会加速。对某些恒星而言，如果它们的质量足够大，坍缩后将形成中子星或黑洞。

旋转的恒星所发出的无线电波可以被观测到并用以确定其旋转速度。

恒星的质量越来越向自己的中心集中（假定质量没散失到宇宙空间），为了保持角动量守恒，其旋转速度会越来越快。由于半径不断减小，某些已死亡恒星的旋转速度可以超过每分钟4万转。

旋转的恒星

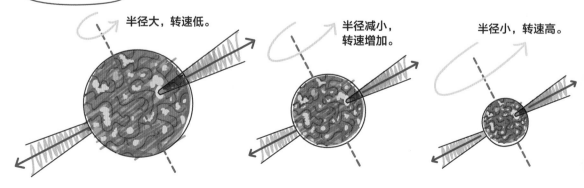

半径大，转速低。

半径减小，转速增加。

半径小，转速高。

物体的角动量是其旋转速度与**转动惯量**的乘积。转动惯量是衡量物体在转动时抗拒状态改变的一项指标，其符号是I。

物体做旋转运动时会获得角动量。角动量的大小取决于旋转速度以及物体质量的分布情况。即使物体在旋转过程中发生了形变，角动量仍将保持不变。为了旋转得更快，跳水运动员会尽最大可能收拢身体。

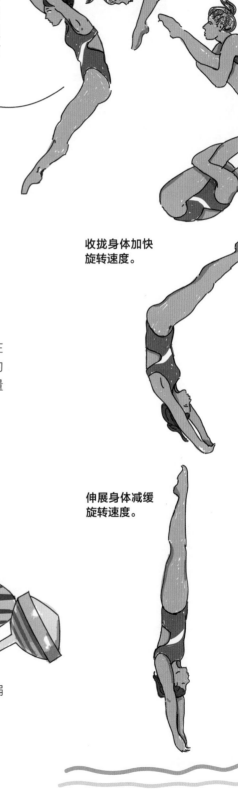

收拢身体加快旋转速度。

伸展身体减缓旋转速度。

旋转的圆柱体

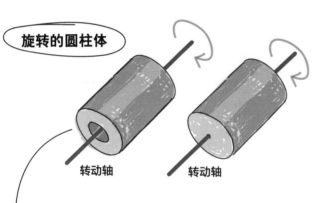

转动轴　　　　转动轴

以两个大小和密度都相同的圆柱体为例，中空的圆柱体在转动时其速度会更快地减慢下来，原因是中空的圆柱体的质量较小。虽然这一例子过于简化，但也阐释了转动惯量的概念。

旋转的陀螺

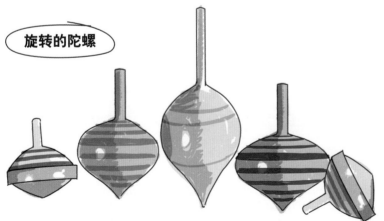

为了尽可能延长旋转时间，陀螺往往被设计成锥体，以使角动量最大化。

一般说来，陀螺的形状越扁平，旋转时间会越长。

✅ 小结

动量

动量（p）是矢量，等于质量（m）与速度（v）的乘积。动量有两类：线动量与角动量。

$$p = mv$$

电荷

即使系统发生变化，电荷也是守恒的。

在一个孤立的封闭系统中，能量、动量和电荷总是守恒的。

能量的分类

能量

能量不会消失，但可以在动能、化学能、引力能、势能、热能、声能、光能等不同形式间转化。

守恒定律的普适性

守恒定律

角动量

角动量是物体的转动速度与转动惯量的乘积。

什么是动量？

动量是矢量。当两个完全相同的物体以相同速率向相反方向运动时，它们的动量之和为零。

动量

转动惯量

转动惯量是衡量旋转物体抗拒状态改变能力的一项指标。

质量的分布

物体质量分布的改变使其转动惯量随之改变。

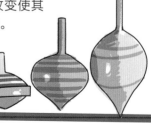

能量守恒

宇宙间的能量是一定的，这些能量可以在不同形式间进行转化，但绝不可能凭空产生或消失。

总量固定不变

孤立的封闭系统

在一个孤立的封闭系统中，没有任何能量、质量或电荷传出或传入。

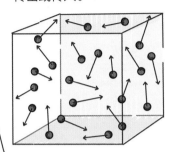

孤立的封闭系统内的总能量固定不变。当系统内的物体发生运动时，能量在不同形式间相互转化。

能量转化

势能

动能

热能

声能

物体相撞时，它们总的线动量保持不变。

线动量

物体相撞时，它们之间会相互交换能量与动量。

碰撞

非弹性碰撞

非弹性碰撞只保持动量守恒，动能转化成热能和声能。

弹性碰撞

理想的弹性碰撞既保持动量守恒，也保持动能守恒，不发生热能与声能转化。

第五章

电学

在人们的日常生活中，电的用途十分广泛，室内照明、街头亮化、互联网用电、手机充电等活动都离不开电。开关轻轻一合，神秘的电流改变了我们的生活方式。人类对电的利用时间并没有多长，电能给千家万户带来光明。如果没有电，很难想象我们的生活会是什么样子。

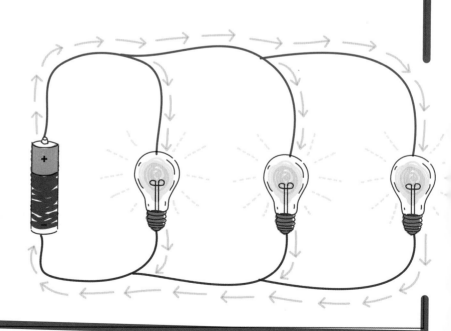

电荷和电荷传输

电由带电粒子，即**电子**和**离子**构成。电子携带负电荷，离子既可携带正电荷，也可携带负电荷。电荷（Q）的计量单位是库仑，简称库，符号是C。1**库仑**的定义为1**安培**（A）电流在1秒钟内输送的电荷量。为了纪念法国工程师和物理学家夏尔-奥古斯丁·库仑（Charles-Augustin Coulomb），电荷的计量单位被命名为库仑。

> **1库仑约等于6.25×10^{18}个电子电量**

与带电粒子所携带的电荷量相比，库仑是一个非常大的电荷量单位。我们称电子携带的电荷为**基本电荷**，用字母e表示。一个基本电荷约为1.6×10^{-19}库仑。相比之下，闪电球携带的电荷通常在15库仑到300库仑之间。

一个电子携带的电荷正好为一个基本电荷。任何带电粒子携带的电子或离子数均为整数，这些电子和离子为带电粒子的电荷。

电荷可以是**静态的**（静电），也可以是动态的。一个电荷可以凭借两点之间的**电位差**从A点移动到B点。电位差通常又称**电压**。

我们可以想象一下河水是怎样流动的。水沿着斜坡向下流，也就是从高势能处流向低势能处。同样道理，带电粒子随着电位差流动，流动方向取决于其所携带的是正电荷还是负电荷。

电荷的流动称为**电荷传输**，传输速率称为**电流**。电流的方向以正电荷定向移动方向而定。人们把这种电流称为**常规电流**。

+ + + + + + 正电荷

电子（负电荷）下沉到风暴云的底部，并被地面上的正电荷吸引。

正电荷

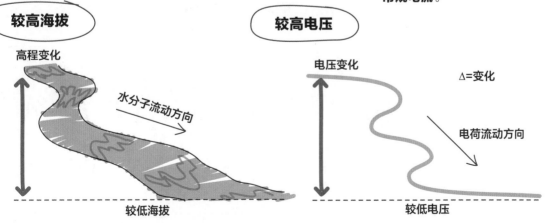

较高海拔

高程变化

水分子流动方向

较低海拔

较高电压

电压变化

Δ=变化

电荷流动方向

较低电压

电流、电压和电阻

带电粒子的流动（电流）主要受两个因素控制：电位差（电压）和电荷在介质中传输时遇到的阻力（电阻）。

电流和电压

要使任何一个带电粒子发生转移并产生电流，既要有电荷，又要有电位差(电压)，两者缺一不可。人们日常生活中使用的电，都是利用电子转移进行传输，并通过电线从一个地方传导至另一个地方。电线一般是铜制的，铜线内充满着可以自由流动的电子，我们称之为**自由电子**。然而，如果没有电位差，这些电子就不会做定向移动。

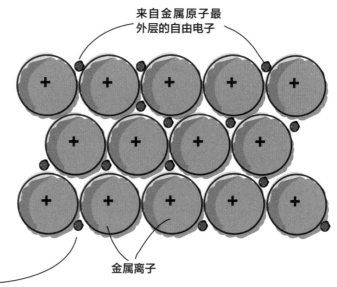

来自金属原子最外层的自由电子

金属离子

电压的计量单位是**伏特**，简称伏，符号是V。根据定义，1伏特是每单位电荷传输的能量（即1焦耳每库仑，J/C）。在国际标准计量单位中，焦耳的定义为1牛顿的力使物体移动1米的距离所消耗的能量。

焦耳作为电学术语，指的是1安培电流流过1欧姆电阻时，在1秒钟内所散发的热量。这一定义反过来也可用于定义电阻单位**欧姆**。

安培是电流的计量单位，是以安德烈-马里·安培（André-Marie Ampère）的名字命名的。1安培的电流相当于在导线的给定点上每秒钟通过1库仑的电荷。

当电阻为1欧姆时，1伏特电压可以产生1安培的电流。

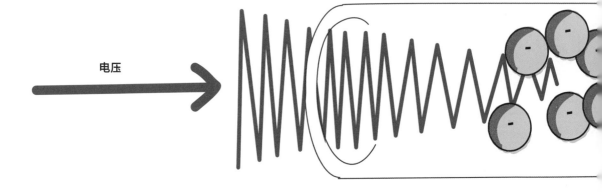

电压

电阻

导体中的电阻由多种因素决定，其中主要因素是导体的材质、长度和横截面积。温度对电阻也有很大影响，但在本章内容中暂不考虑这个因素。

导体的材质和其中的自由电子的数量会影响电荷流动。

再以河水流过斜坡为例，我们注意到，坡度、河流深度和宽度、河床的自然特性以及岩石等障碍物都会影响水的流动。同样道理，外部电压、导体横截面积、导体的材质也会影响电荷的流动。

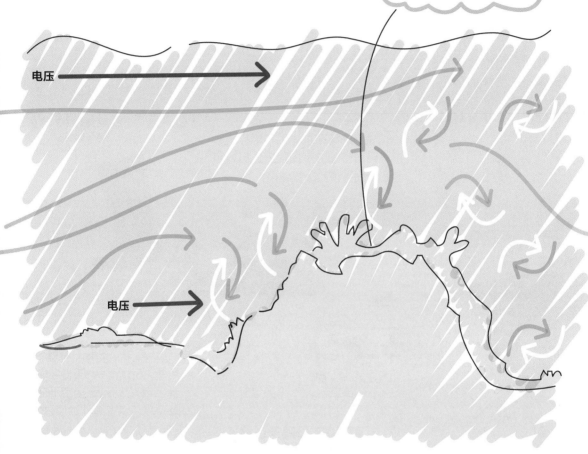

电压

电压

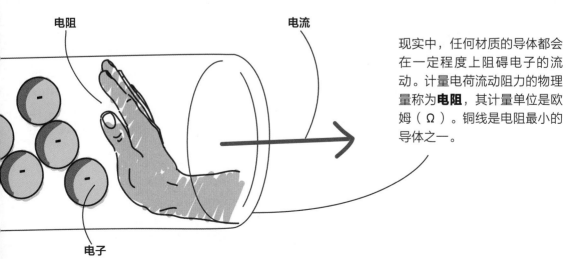

电阻

电流

电子

现实中，任何材质的导体都会在一定程度上阻碍电子的流动。计量电荷流动阻力的物理量称为**电阻**，其计量单位是欧姆（Ω）。铜线是电阻最小的导体之一。

铜

银

钢或铁

水

导体和绝缘体

物体的电阻取决于多种物理因素：该物体的体积、温度以及物体材质的电阻率。**电阻率**是用来衡量材料导电能力的单位。

导体中有许多自由电子。

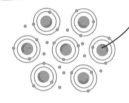

绝缘体中的自由电子较少。

根据施加在物体上的电压驱动电荷传输的难易程度，材料可分为导体和绝缘体两大类。

毛线

橡胶

木材

瓷器

包括金属材料在内的导体的电阻率都很低。而木材或橡胶等绝缘体材料的电阻率都很高。

保险丝

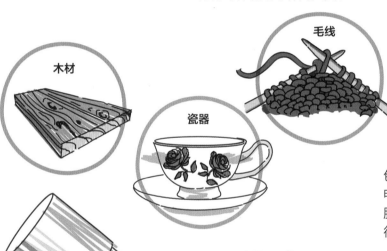

铜的电阻率很低，但如果导线很细，仍会影响电子的流动，从而导致导线发热。如果温度超过一定界限，导线就会熔化而切断电子的流动，这就是保险丝的工作原理。这是避免用电设备因过高电流而损坏的保护机制。

欧姆定律

对于铜这样的低电阻材料，只需很低的电压就可以让电子移动起来。而对空气和橡胶等高电阻材料来说，要让其中的电子移动就需要很高的电压。这就是**欧姆定律**的基础。欧姆定律是由德国物理学家乔治·欧姆（Georg Ohm）在1827年提出的，用它可以解释电压、电流和电阻三者之间的关系。

两点间的电流（I）与两点间传导介质的电压（U）成正比。公式表示为：$I = kU$，其中k是常数。

对某种特定材料，常数k表示材料导电的难易程度（**电导**）。电导一般用$1/R$表示，即**电阻的倒数**。

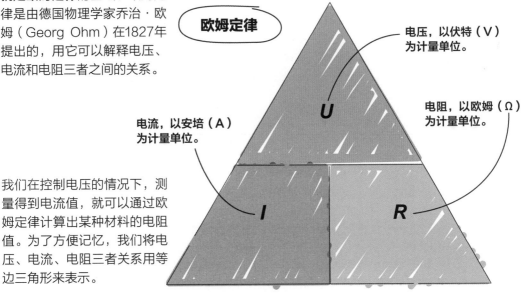

欧姆定律

电压，以伏特（V）为计量单位。

电阻，以欧姆（Ω）为计量单位。

电流，以安培（A）为计量单位。

我们在控制电压的情况下，测量得到电流值，就可以通过欧姆定律计算出某种材料的电阻值。为了方便记忆，我们将电压、电流、电阻三者关系用等边三角形来表示。

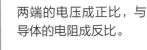

欧姆定律的三种形式

$$U = IR \qquad I = U/R \qquad R = U/I$$

根据上述公式，我们可以把欧姆定义为：电阻为1欧姆的材料需要1伏特的电压才能产生1安培的电流。

对大部分材料来说，电阻单位用欧姆值太小了，因此经常使用千欧（1000 Ω）或兆欧（1000000 Ω）作为电阻的计量单位。

欧姆定律
导体中的电流，与导体两端的电压成正比，与导体的电阻成反比。

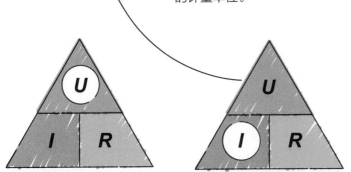

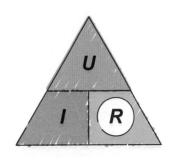

电路

电流在电路上流动。电路由不同元器件与电源连接而成。电源由单个或多个电池构成。要使电荷从电池的一端传输到另一端，电路必须是闭合环路。

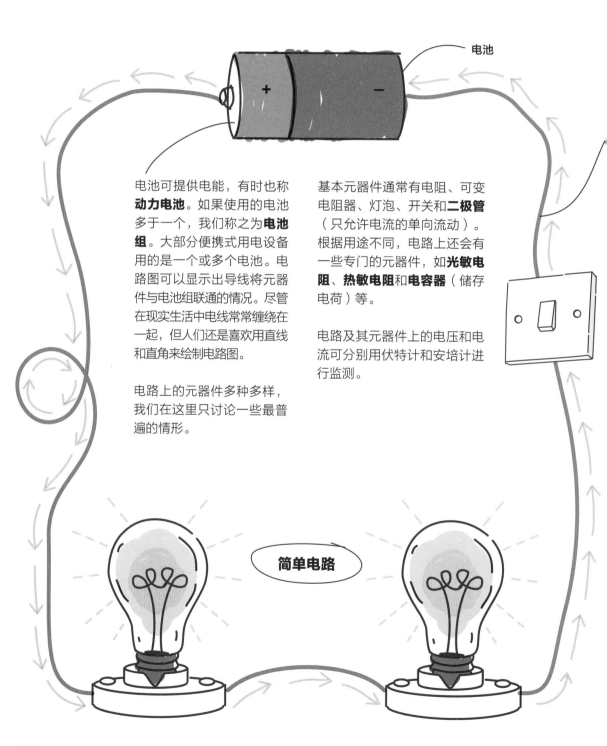

电池

电池可提供电能，有时也称**动力电池**。如果使用的电池多于一个，我们称之为**电池组**。大部分便携式用电设备用的是一个或多个电池。电路图可以显示出导线将元器件与电池组联通的情况。尽管在现实生活中电线常常缠绕在一起，但人们还是喜欢用直线和直角来绘制电路图。

电路上的元器件多种多样，我们在这里只讨论一些最普遍的情形。

基本元器件通常有电阻、可变电阻器、灯泡、开关和**二极管**（只允许电流的单向流动）。根据用途不同，电路上还会有一些专门的元器件，如**光敏电阻**、**热敏电阻**和**电容器**（储存电荷）等。

电路及其元器件上的电压和电流可分别用伏特计和安培计进行监测。

简单电路

电路符号

电路图上使用的都是国际通用符号。利用这些符号，人们得以绘制出清晰的电路图。

二极管：一种导体，它会阻断电流朝另一个方向流动。通过二极管的电流只能朝一个方向流动。

发光二极管：又称LED，当有电流通过时，它会发光。

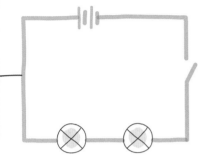

电路图以符号形式表达了反向绘制的电路元器件。

电池：一种将化学能转化为电能的元器件

伏特计：用于监测电路两点间电压的仪器，以伏特作为计量单位。

热敏电阻：一种安全装置，通过温度控制电阻。温度上升时，电阻增大；温度降低时，电阻减小。

电池组：电路的电源，由多个电池组合而成。

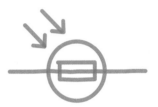

光敏电阻：又称LDR，一种探测光强度的元器件。光强度增加，电阻减小。

可变电阻器：一种可以改变电阻大小的元器件，它也能改变电流的大小。

固定电阻器：无论环境怎样变化，固定电阻器的阻值始终保持不变。

安培计：检测电流的仪器，以安培作为计量单位。

电容器：根据电路需要储存或释放电荷的元器件

保险丝：一种安全装置，包括一根易于熔断的导线，可以在出现故障时切断电路。

灯泡：显示电路是否正常工作的元器件

基尔霍夫定律

在**闭合电路**中，电流和电压是守恒的。这是德国物理学家古斯塔夫·基尔霍夫（Gustav Kirchhoff）于1845年首次提出的定律。

基尔霍夫指出，在闭合电路中，流动的电荷总量是守恒的，这就是**电荷守恒定律**。

受电池组正负极之间形成的电位差（电压）驱动，电荷在电路中流动，其总电量在电路中保持不变。如果电路在某一节点分为不同支路，那么流入节点的电荷总量等于流出该节点的电荷总量（电荷守恒）。

流入不同支路的电流（每秒通过的电荷量）取决于每条支路电阻的大小。电阻大的支路通过的电流小于电阻小的支路通过的电流（依据公式$U=IR$）。

基尔霍夫第一定律
流入节点或端点的电流等于流出该节点或端点的电流。

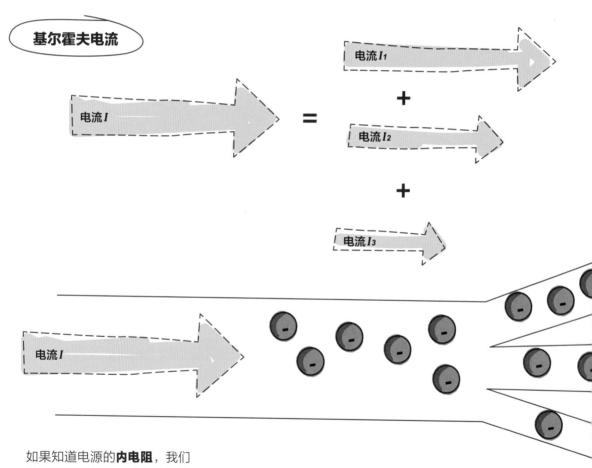

基尔霍夫电流

电流 I_1

电流 I = +

电流 I_2

+

电流 I_3

电流 I

如果知道电源的**内电阻**，我们就可以利用基尔霍夫定律比较准确地预测电路的工作情况。

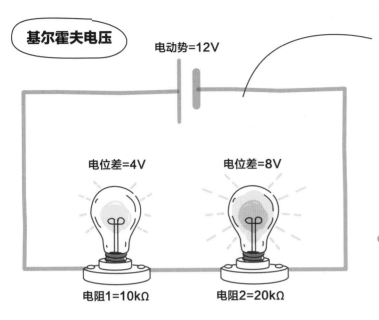

基尔霍夫电压

电动势=12V

电位差=4V

电位差=8V

电阻1=10kΩ

电阻2=20kΩ

电压在每一个元器件和节点之间按各自电阻的占比进行分配。元器件或节点的电阻越大，驱动电流通过它们的电动势占比就越大。如果不考虑内电阻，电路中的电压总和等于电路的电动势。

基尔霍夫第二定律
一个电路中，任意闭合环路的电压之和必定为零。

假设连接的导线中不存在电阻，那么电池组两端的电压等于各独立元器件两端的电压之和。

现实中，导线和电源都有电阻，所以电流通过时电路会发热。铜线的电阻很低，但也有电阻存在。

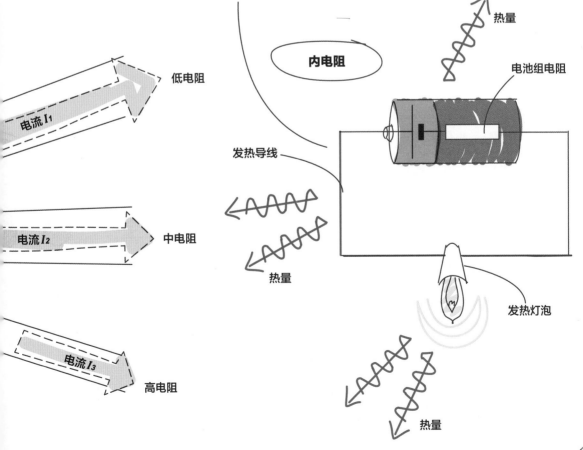

电流I_1

低电阻

电流I_2

中电阻

电流I_3

高电阻

内电阻

发热导线

热量

电池组电阻

发热灯泡

热量

热量

串联电路和并联电路

根据元器件在电路中不同的连接方式，电路可以分为**串联电路**和**并联电路**。

如果电路中的元器件是依次连接的，我们称其为串联电路。如果电路分成不同路径，电流分别流经不同元器件，我们称其为并联电路。

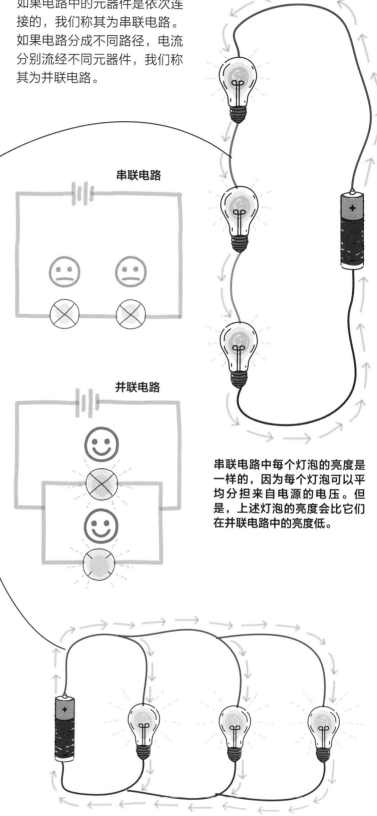

串联电路

假如我们有一批型号相同的灯泡，先拿出一只灯泡，与一个具有电动势的电池组连接，这时，该灯泡会发出一定亮度的光。

如果将三个灯泡沿导线依次连接，然后与电池组联通，这就形成了串联电路。

如果三个灯泡完全一样，电阻相同，那么电池组的电动势将在灯泡间等量分配。三个灯泡的总电阻，即阻碍电流流动的力量值，为各灯泡电阻的总和。

串联电路

并联电路

并联电路

如果三个灯泡各自都有导线并与电池组分别连接，就会形成并联电路。电流分别流入三个支路，每个灯泡上的电压相同。这时，总电流等于流经每个灯泡的电流之和。

在串联电路中，如果某个元器件发生故障，整个电路都将瘫痪。并联电路却不同，如果某个支路的元器件发生故障，其他元器件仍可以正常工作。

串联电路中每个灯泡的亮度是一样的，因为每个灯泡可以平均分担来自电源的电压。但是，上述灯泡的亮度会比它们在并联电路中的亮度低。

电容器

电容器是电路中使用的一种元器件，用于以电场方式储存电能。当需要时，电容器会很快释放电能。它的基本构成是两个金属薄片（**导体**）中间夹一层绝缘体。当在两个金属片上施加电压时，**电场**就形成了。

电容器规格繁多，决定其存储能力的因素也很多。金属片越大，产生的电子就越多。缩小金属片之间的距离会增加存储能力，但这种方法存在极限。如果两个金属片之间的距离过近，电荷就可能从一个金属片渗漏到另一个金属片上，使两个金属片的电荷发生中和。

我们可通过在两个金属片之间加装绝缘材料来防止电荷渗漏。我们通常将这种绝缘材料称为**电介质**。

如果电容器上两个金属片之间的距离足以阻止电荷渗漏，此时若切断电源，两个金属片上的已有电荷将会保存下来。

如在电容器两端加载电压（电位差），电子就会从一个金属片转移到另一金属片上。在电子所在原子上的原有位置会出现"空穴"，形成正电荷，另一个金属片上电子形成负电荷。随着这种电荷差的不断增加，在两个金属片之间就建立起一个平行电场。

这时，若除去电位差，由于电介质的存在，电子不能回流以恢复电荷的平衡。这样，电容器就能将电荷存储起来，以供日后为电路提供电能。

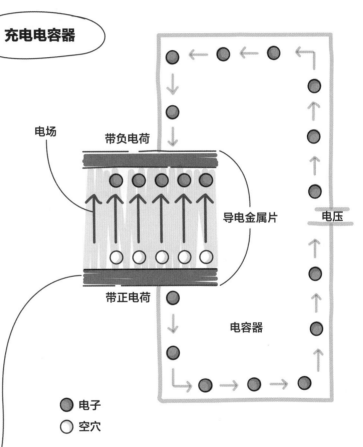

充电电容器

电场 · 带负电荷 · 导电金属片 · 电压 · 带正电荷 · 电容器

● 电子
○ 空穴

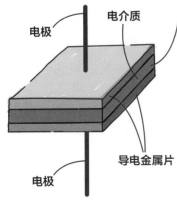

电极 · 电介质 · 导电金属片 · 电极

电容

电容器存储电荷的能力称为电容，其符号是C。电容的计量单位是法拉，简称法，符号是F，以迈克尔·法拉第（Michael Faraday）命名。1法拉等于给金属片每加载1伏特电压时存储1库仑的电荷量。

法拉是很大的计量单位，大部分电容器都以微法拉来计量，即μF（1法拉的百万分之一）。

✓ 小结

电荷和电荷传输

电荷传输

电荷传输是指带电粒子的流动，流动方向取决于携带电荷的正负。

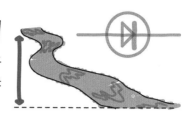

电荷

电荷以库仑（C）为计量单位。电子携带负电荷，离子携带正电荷或负电荷。一个电子携带的基本电荷值约为 $\pm 1.6 \times 10^{-19}$。

电动势

电动势是电池组向流经的每库仑的电荷所提供的能量。

电学

电路

并联电路

并联电路中的元器件位于电路的不同环路中。

串联电路

串联电路中的所有元器件位于同一环路中。总电阻等于每个元器件电阻之和。

基尔霍夫定律

基尔霍夫第一定律

流入节点或端点的电流等于流出该点的电流。

基尔霍夫第二定律

在电路中，任何闭合回路的电压之和一定等于零。

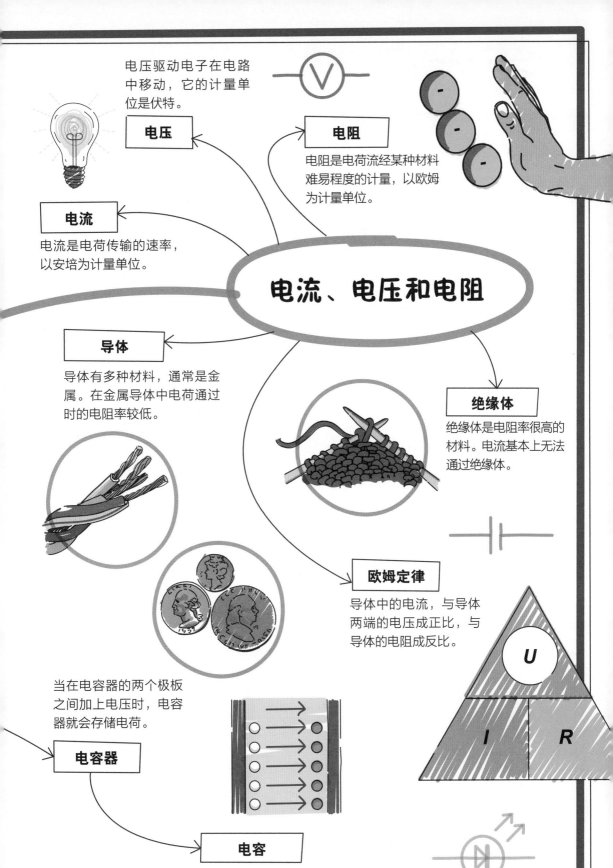

电压驱动电子在电路中移动，它的计量单位是伏特。

电压

电阻

电阻是电荷流经某种材料难易程度的计量，以欧姆为计量单位。

电流

电流是电荷传输的速率，以安培为计量单位。

电流、电压和电阻

导体

导体有多种材料，通常是金属。在金属导体中电荷通过时的电阻率较低。

绝缘体

绝缘体是电阻率很高的材料。电流基本上无法通过绝缘体。

欧姆定律

导体中的电流，与导体两端的电压成正比，与导体的电阻成反比。

U

I R

当在电容器的两个极板之间加上电压时，电容器就会存储电荷。

电容器

电容

电容是电容器存储电荷的能力。

第六章

场和力

在第一章里，我们已经探讨了力的各种类型和它们对物体运动产生的影响，了解到各种接触力在发挥作用时必须与作用对象发生物理性接触。在本章，我们会学到引力、静电力以及磁力等更多非接触力。这些力有两个共同特征：都需要一个能让它们发挥作用的场，场的邻近效应对其作用大小有重要影响。

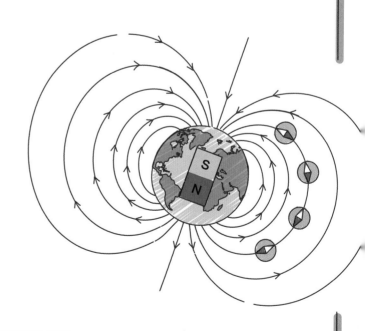

场及其作用

正如第一章中所讲，根据牛顿第二定律（ *F=ma* ），当一个质量为 *m* 的物体受到某一特定方向合力的作用时，它将沿着那个方向做加速运动。但是，当施加在该物体上的力是由它所处的场引起的时候，作用力的大小取决于下列因素：场的类型、物体与场源的距离以及场对物体是否起作用。

引力场对宇宙中所有拥有质量的物体产生影响。引力场一般比较弱，只有当物体靠近行星和恒星这类质量很大的物体时，才会感到非常明显的引力。在有质量的物体之间，引力总是表现为吸引力。

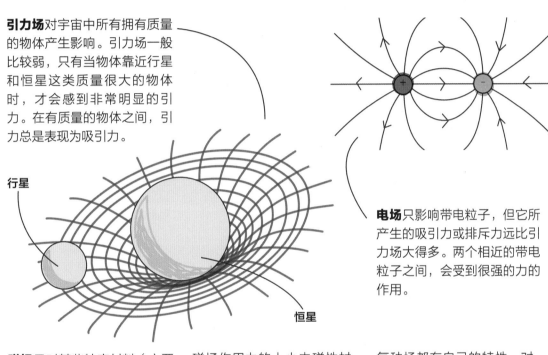

行星

恒星

电场只影响带电粒子，但它所产生的吸引力或排斥力远比引力场大得多。两个相近的带电粒子之间，会受到很强的力的作用。

磁场只对某些特定材料（主要是一些金属）产生影响。

磁场作用力的大小由磁性材料的性质、物体与磁场之间的距离，以及物体的材料共同决定。

每种场都有自己的特性，对此，我们将在后面的内容中讨论。

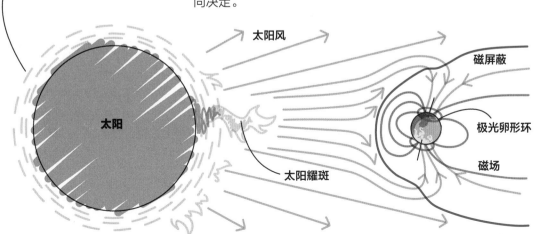

太阳风

太阳

太阳耀斑

磁屏蔽

极光卵形环

磁场

引力场

有质量的物体周围都会产生引力场。引力场会对所有具有质量的物体产生引力。两物体之间的引力大小相等、方向相反。物体质量的大小及二者之间的距离直接决定着引力的大小。

牛顿的万有引力定律

牛顿的万有引力定律是关于两个质点的。按照**质点**的概念，物体的所有质量都集中于空间的某一个点上。质点会引发一个**径向引力场**。

牛顿指出，宇宙中的每个粒子都会对其他粒子产生引力，引力的大小与粒子质量的乘积成正比，与两个粒子中心点之间距离的平方成反比。

以上描述用公式表示为

$$F = \frac{Gm_1m_2}{r^2}$$

公式中，F是两个粒子之间的力，m_1和m_2表示质量，r表示两个中心点之间的距离，G表示万有引力常数（G=6.67x10^{-11} Nm^{2}kg^{-2}）。

引力场产生于质量大的物体，例如地球，质量为M；并对质量较小的物体产生作用，例如地球上的一个人，质量为m。因此我们说，人受地球引力场的影响。

这时的公式为

$$F = \frac{GMm}{r^2}$$

万有引力定律可以被大幅简化。由于宇宙内所有粒子距离遥远，引力强度极低，只有足够接近的物体才能感受到明显的引力。为了便于计算，我们可以仅考虑两个物体之间的引力问题。

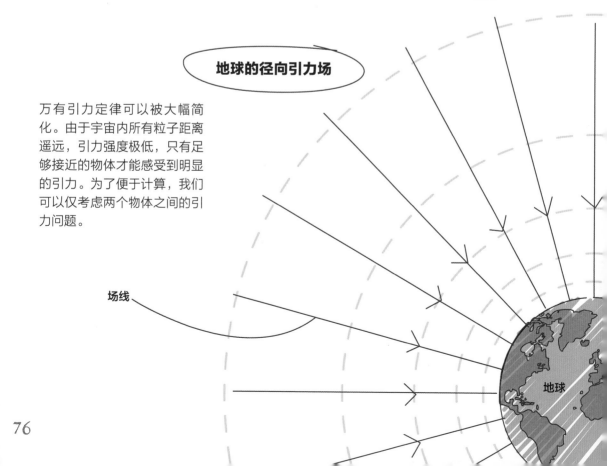

地球的径向引力场

场线

地球

引力场强度

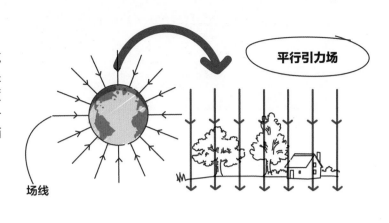

平行引力场

场线

引力场强度是指地球上每千克物体所受到的引力，其符号是 g。引力场强度源于两个有质量的物体之间的引力，其中一个是质量为 M 的地球。以上描述用公式表示为

$$F = \frac{GMm}{r^2}$$

公式中，r 是地球的半径。代入公式计算后得出：g=9.8N/kg。

用质量乘以引力场强度得到该物体的重量：$W = mg$。引力场强度的值等于因地球引力产生的加速度值，即 g=9.8m/s^2。其中，N/kg 和 m/s^2 所对应的数值相同，所以引力场强度就是地球引力所产生的加速度。

在地球表面附近，引力场强度的值近似等于一个常数。原因在于，接近地球的引力场场线基本上是平行线。

引力场场线代表着引力场的作用方向（指向物体中心），引力场强度用场线之间的距离表示。

有了这样的近似值，我们就可以假定：如果在地球表面附近将一定质量的物体向上抬升相对较短的距离，该物体的重量保持不变。由此，当移动一个物体时，该物体增加的**势能**（E_P）等于物体的重量乘以垂直移动的距离，即 $E_P=mgh$。

势能相同的各个点称为等势点。

当质量为 m 千克的橄榄球被举到远离地面高度为 h 的地方，它因此获得势能。它下落时，势能就会转化成**动能**。

举起该球所需的能量取决于球的质量和引力场强度。球触地时的速度（v），可根据下列公式获得。

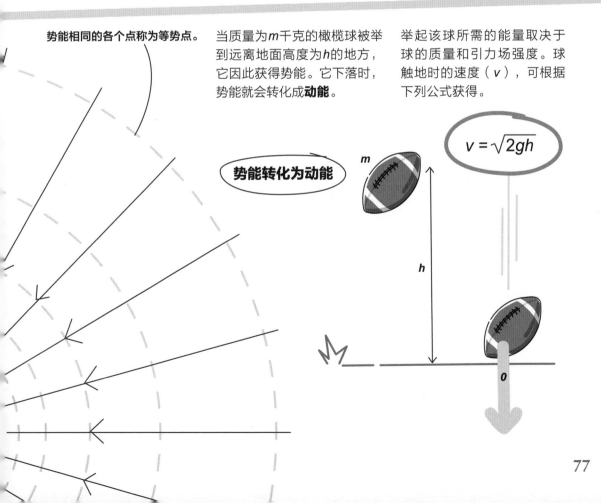

势能转化为动能

$$v = \sqrt{2gh}$$

磁场和电场

我们看不见磁场和电场，它们环绕在产生磁场或电场的物体周围。例如，电流的周围就存在着磁场；反过来，磁场也会对移动的带电粒子产生作用力。由于电与磁之间相互依存，所以人们往往将它们放在一起讨论和研究。

磁场

磁场对各种磁性物质产生影响，对它们产生吸引力或排斥力。不同磁性物质受磁场影响的程度有较大差异。铁、镍和钴等金属受磁场影响较大；而大部分其他金属受到的影响较小，甚至有时候根本感受不到影响。

黄铜

锡

铝

锌

青铜

铸铁

非磁性金属

铜

磁场可由永磁材料产生，例如曾经暴露于强磁场中的铁。能被永久磁化的材料，我们称之为**铁磁材料**。

条形磁铁周围环绕着磁场线，磁场线连接磁铁的N极到S极，形成一个回路。磁场强度的计量单位是**特斯拉**，其符号是T。

在磁场的不同位置上，磁场的方向和强度有所不同。同引力场一样，磁场的强度用磁场线的疏密程度来表示。

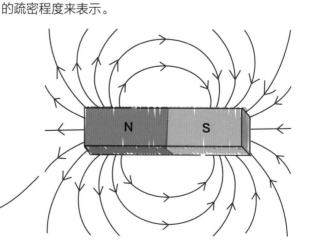

地球的四周是一个永久磁场，这让地磁场看起来像一个巨大的条形磁铁。

地球磁场与带电的太阳粒子相互作用，从而使这些粒子沿磁场线做螺旋运动，到达地球的磁极点。地球的磁极点与地理极点十分接近。

太阳粒子与大气层中的原子相撞并使其激发或电离，从而产生不同颜色的**光子**，形成蔚为壮观的北极光或南极光现象。

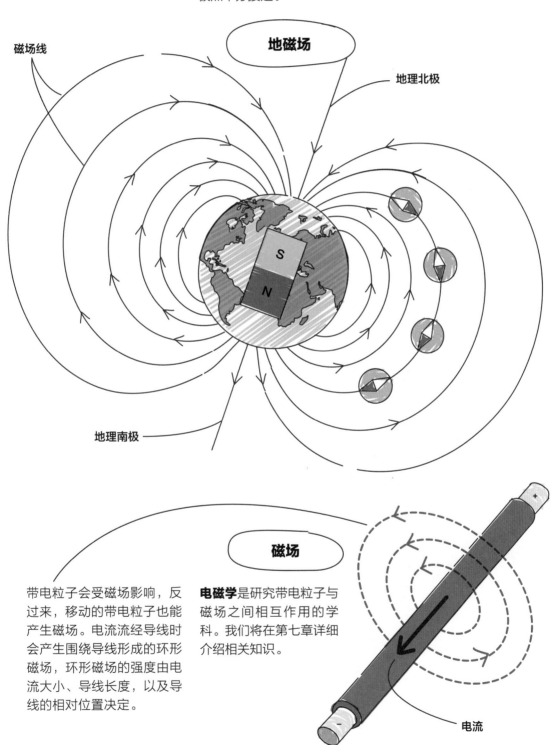

磁场线

地磁场

地理北极

地理南极

磁场

电流

带电粒子会受磁场影响，反过来，移动的带电粒子也能产生磁场。电流流经导线时会产生围绕导线形成的环形磁场，环形磁场的强度由电流大小、导线长度，以及导线的相对位置决定。

电磁学是研究带电粒子与磁场之间相互作用的学科。我们将在第七章详细介绍相关知识。

电场

虽然电场和引力场拥有许多共同属性，但电场只对带电粒子产生影响。

根据库仑定律，两个点电荷之间电场力的大小与电荷量的乘积成正比，与它们之间距离的平方成反比。一个点电荷会产生一个**径向电场**。

带电粒子之间的力可以是引力（在异性电荷间），也可以是排斥力（在同性电荷间）。我们在第一章已经了解到，这种力称为**静电力**。

计算两个带电粒子之间静电力强度与计算两个物体之间万有引力强度的公式完全相同，其公式为

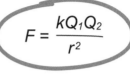

$$F = \frac{kQ_1Q_2}{r^2}$$

公式中，Q_1和Q_2是带电粒子的电荷量，计量单位是库仑；r是带电粒子之间的距离；k是静电力常数，（$k=9 \times 10^9 \text{Nm}^2\text{C}^{-2}$）。与万有引力常数$G$相比，$k$的值要大得多。

正是受到静电力的约束，电子才会围绕原子作轨道运动。

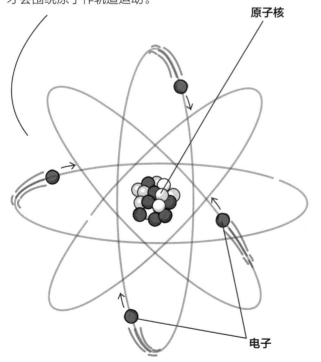

原子核

电子

电场也可存在于两个带电板之间，例如在电容器中。在这种情况下，磁场线是平行的，无论带电粒子在电场中处于什么位置，它受到的力是相同的。

带电板之间的电场强度（E）用公式表示为

$$E = \frac{U}{d}$$

公式中，U为电压，d为两板间的距离。

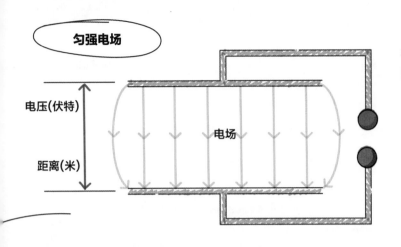

匀强电场

电场

电压(伏特)

距离(米)

在匀强电场中,电荷（Q）受到的静电力（F）用公式表示为

$$F = \frac{QV}{d} = EQ$$

阴极射线管

阴极射线管是根据均匀电场原理制成的。阴极射线管通过真空室让电子加快运动。当电流加热金属导线时,电子会在导线表面"沸腾"从而发射出去。这种装置称为**电子枪**。

电子受高电位差的影响而加速移动。电子束一方面受带有电位差的带电板影响,另一方面也会受磁场影响,从而发生偏转,引导电子束投射到涂有磷光粉的屏幕内层的特定区域上。受到电子撞击时,屏幕会发热并散发红、绿、蓝三种颜色的光。

这三种原色光在不同亮度条件下进行组合,从而呈现色彩缤纷的颜色。电子束穿过真空室射到屏幕上时,会不断撞击各个像素,让磷光粉瞬间发光,使整个屏幕总是充满五光十色的绚丽色彩。

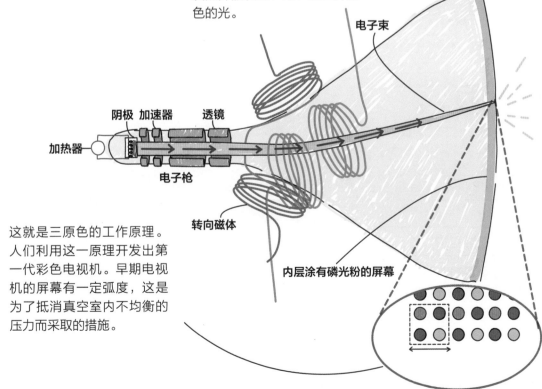

加热器　阴极　加速器　透镜　电子束

电子枪　转向磁体

内层涂有磷光粉的屏幕

这就是三原色的工作原理。人们利用这一原理开发出第一代彩色电视机。早期电视机的屏幕有一定弧度,这是为了抵消真空室内不均衡的压力而采取的措施。

铁磁材料

铁磁材料是永久受磁场影响的物质。

非磁性金属

非磁性金属是不受磁场影响的物质。

非接触力可由与物体有一定距离的场产生。

非接触力

磁场

场及其作用

磁场强度

磁场强度以特斯拉（T）为计量单位，可以用磁场线之间的疏密程度表示磁场强度。

场和力

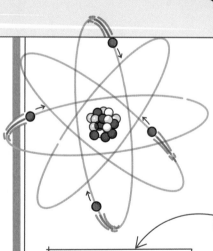

库仑定律

$$F = \frac{kQ_1Q_2}{r^2}$$

匀强电场产生于两个带有电荷的带电板之间。平行电场中带电粒子的受力不变。

电场

平行电场

静电力

静电力是带电粒子之间产生的力，同性电荷相斥，异性电荷相吸。

电场力

电场力的大小与电荷量的乘积成正比，与电荷间距离的平方成反比。

阴极射线管

匀强电场对电子的加速或偏转作用是阴极射线管的工作原理。

有质量的物体周围都会产生引力场。物体所受引力的大小受该物体与引力场源之间的距离的影响。

引力场

磁场

磁场由移动的带电粒子或铁等磁性材料产生。

电场

电场由电荷产生，只影响带电粒子。

场的类型

场线

场线表示场的作用方向以及场的强度。场线越密，场的强度越大。

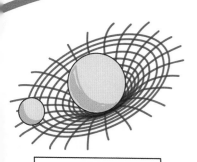

引力场强度

引力场强度（g）是地球上每千克物体所承受的力。如果地球的质量增加，引力场强度将增加；如果物体到地球中心的距离增加，引力场强度将减小。

地球引力

地球引力是因地球本身的质量而产生的引力。接近地球的物体，无一例外地被吸引。

$g=9.8N/kg$

引力场

径向引力场

离地球中心越远，场的强度越小。

牛顿的万有引力定律

$$F = \frac{GMm}{r^2}$$

平行引力场

靠近地球的引力场场线基本上是平行线。

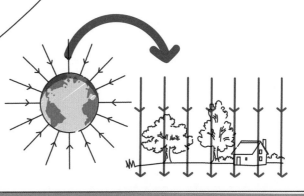

第七章

电磁学

研究电场与磁场相互作用的学科称为电磁学，它属于物理学的一个分支。电场与磁场关系紧密，两者往往同时存在又相互作用。磁场表现为一种作用于带电粒子的力，而带电粒子的运动又会产生磁场。光是变动的电场和磁场相互依存、相互影响的产物。没有电场与磁场之间相互依存的关系，电就不会进入我们的家庭。

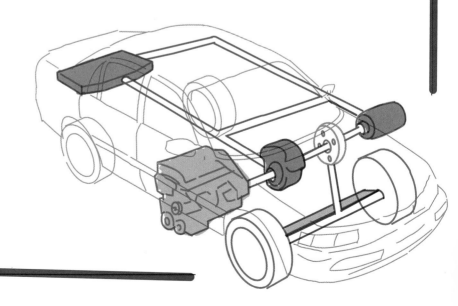

法拉第电磁感应定律

1831年，英国物理学家迈克尔·法拉第（Michael Faraday）有了一个惊人的发现：如果在磁场中置入闭合回路的一部分导线，磁场的改变会使导线中产生电流。反之，导线中电流的变化，也会使导线周围的磁场发生变化。

带电粒子相对于磁场运动时，磁场会对它产生一种作用力，进而推动粒子运动。这就是电流的真正含义，即移动的电子流。

电磁感应的基础就是磁场、带电粒子和作用力三者之间的相互作用。

法拉第电磁感应定律： 通电导体相对于磁场的运动会产生感应电动势。

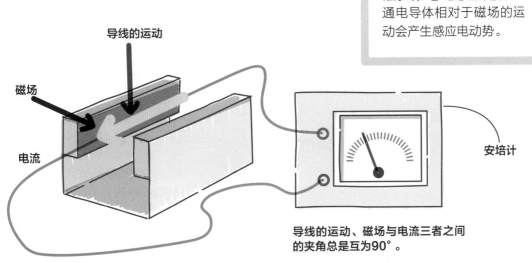

导线的运动

磁场

电流

安培计

导线的运动、磁场与电流三者之间的夹角总是互为90°。

右手定则

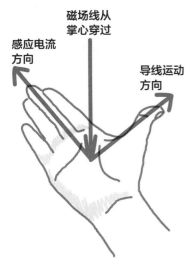

磁场线从掌心穿过

感应电流方向

导线运动方向

将一段导线放在磁场中并移动它，移动的方向与磁场线成90°角。这时，导线中的电子会受到一种与导线移动方向和磁场方向均成90°角的作用力。如果导线在磁场中持续运动，就会产生电流。

如果导线向反方向移动，电流也反方向移动。

根据英国物理学家约翰·安布罗斯·弗莱明爵士（Sir John Ambrose Fleming）的右手定则，我们可以将右手掌摊平，四指并拢且与拇指成90°角，使磁场线从掌心穿过（掌心面向N级），拇指指向导线运动方向，四指指向即为感应电流方向。

电磁感应

电磁感应现象对我们的生活产生了深远影响。它的应用方向主要有两个：一是发电厂发电，二是驱动电动机发电。

发电机

在磁场中移动闭合回路的一段导线，导线中就会产生电流。电流方向取决于导线与磁场间的相对运动方向。随着导线相对于磁场的**运动角度**从90°逐步变小，电流强度也随之降低。

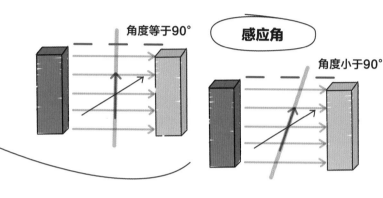

角度等于90°

感应角

角度小于90°

一台简单的发电机

磁铁

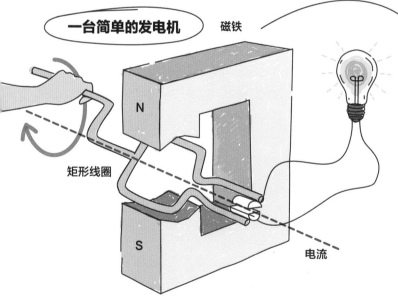

N

矩形线圈

S

电流

将一段矩形线圈与一个灯泡连接，接着将线圈放入两块条形磁铁中间的强磁场中。如果线圈与磁力线沿90°角转动，线圈与磁场之间形成相对运动，就会产生电流。现实中，**发电机**里有很多条环路线圈，产生的电流也会随线圈数量的增加而成倍增加。

由于输出的电流方向和电流强度会发生改变，就产生了**交流电**。

如果利用机械能使线圈持续旋转，就能持续不断地产生交流电。这就是发电的基本原理。

交流电

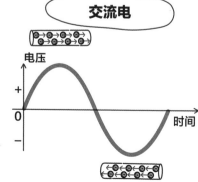

电压

+

0

时间

电动机

电动机可以为各种电气设备，如小型无线遥控汽车、食品加工机、电吹风机以及电动汽车等，提供动力。

电动机的原理与发电机相同。两者的主要区别在于发电机将机械能转化为电能；而电动机将电能转化为机械能。

来自电源的电流流经导线，导线在磁场中自由旋转。

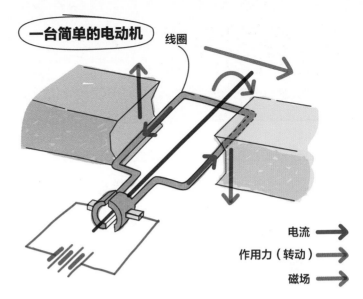

一台简单的电动机

线圈

电流 ➡
作用力（转动）➡
磁场 ➡

在这种情况下，流经磁场的电子会承受一种与自己运动方向成90°角的作用力，产生围绕轴线方向转动的**转动力矩**，于是线圈旋转起来。人们借助电动机的传动轴，将这种**转矩**传导出来。

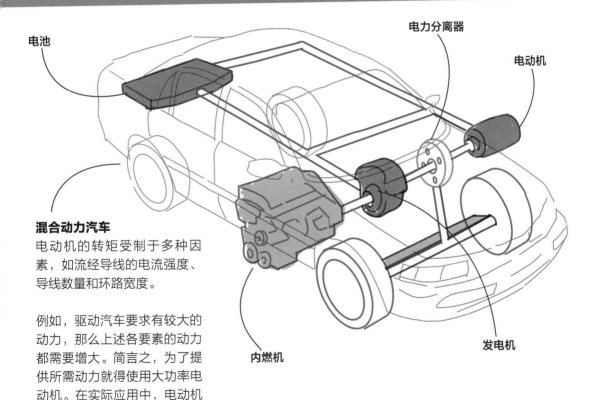

电池

电力分离器

电动机

混合动力汽车

电动机的转矩受制于多种因素，如流经导线的电流强度、导线数量和环路宽度。

例如，驱动汽车要求有较大的动力，那么上述各要素的动力都需要增大。简言之，为了提供所需动力就得使用大功率电动机。在实际应用中，电动机当成发电机使用，反之亦然。

内燃机

发电机

混合动力汽车的原理就是如此：在使用标准燃料行驶时对电池进行充电，在使用电动机行驶时将储存的电能量释放出来。这种专业设备称为**发电电动机**。

电能损耗与电力传输

　　为千家万户提供电力是另一项利用电磁感应原理的重要应用。电厂利用机械能发出的电并不能高效地直接通过电缆送到我们的家庭，而是要先增压，以减少输送过程中产生的损耗。这个增压过程要利用变压器来完成。

变压器

将导线在一块铁芯上多次缠绕，做成一个匝数为 N_p 的线圈，让交流电在**电动势**作用下从线圈流过，这时在铁芯周围会产生变化的磁场，磁场集中穿过铁芯。我们把这种线圈称为**初级线圈**。

然后，在铁芯对面缠绕另一个匝数（N_s）不同的线圈，这就是**次级线圈**，让它暴露在交替变化的磁场中。

随着初级线圈里电流的改变，磁场强度也会增加或减少，继而传导到次级线圈，并感应到电流变化。

电流在次级线圈的流动需要电动势的驱动。如果次级线圈的导线匝数比初级线圈多，能够激发的电子数量就更多，所需电动势也就更大。我们把这类变压器称为**增压变压器**，它能在次级线圈中产生更高的电压。另一种变压器是**降压变压器**，它的次级线圈导线匝数比初级线圈少，从而使电压降低。

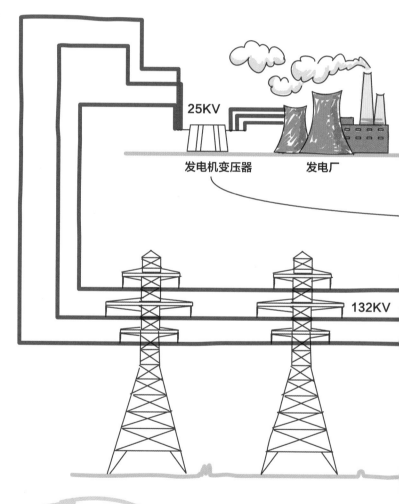

25KV

发电机变压器　　发电厂

132KV

$$U_{out} = \frac{N_s}{N_p} \times U_{in}$$

由发电厂和架空的**输电电缆**共同组成的网络系统称为**电网**，它们遍布全国各地。

通过变压器改变电流和电压，可以减少电力在电网传输过程中的电能损耗。

PVC电缆外包皮层
保护层
内包皮层
绝缘层
导体

输电电缆由多条粗金属导线组成。这些导线的外面，需要用耐重载绝缘材料包裹。

输电电缆的导电性好，但远距离电力传输过程中产生的电阻仍不容忽视。

如果传输的电流强度大，电阻使电缆发热，会导致电能损耗。通过的电子越多，温度越高。如果电阻不变，因导线发热造成的电能损耗（P）主要取决于电流。

远距离传输时，如采用高电压、低电流的方式，效率会更高。为了满足重工业、轻工业、小型企业和居民的不同用电需求，就要使用多种变压器，逐级降低电压。虽然通过变压器调节电压效率很高，但变压器铁芯内部产生的热量和噪声仍会造成电能的损耗。

> **通过公式$P=IU$和$U=IR$，可以得出$P=I^2R$。**
> **公式中，I表示电流，R表示电阻，U表示电压。**

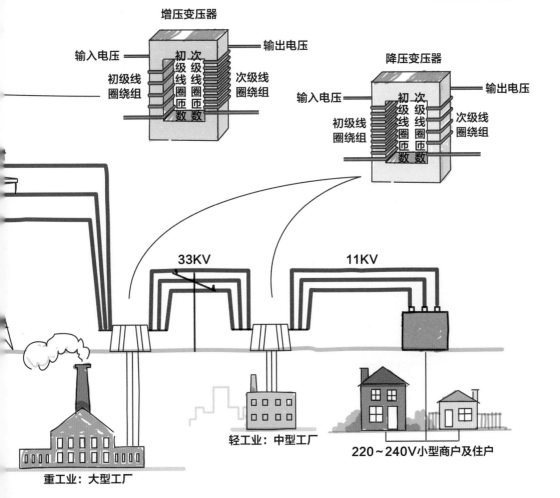

增压变压器
输入电压　　　　　　　　输出电压
初次级级线线圈圈匝匝数数
初级线圈绕组　　　次级线圈绕组

降压变压器
输入电压　　　　　　　　输出电压
初次级级线线圈圈匝匝数数
初级线圈绕组　　　次级线圈绕组

33KV　　　　　11KV

重工业：大型工厂

轻工业：中型工厂

220~240V小型商户及住户

电磁辐射

电磁辐射是电磁波通过空间或媒介传递能量的一种物理现象。由于电场和磁场的变化能相互感应，电场和磁场的能量能在真空或介质中自行传播，形成电磁波。光波由振荡的磁场和电场组成，两者以90°角相交。

电磁辐射

电磁辐射通过真空或空气、玻璃等透明介质传递能量，其传播速度依介质的不同特性而变化。光在真空中的传播速度约为3×10^8米/秒，在玻璃介质中约为2×10^8米/秒。

起初，人们认为光是由携带动能的微小粒子组成的。最先提出这个理论的人是牛顿，但这种粒子理论难以解释光的某些特性。

1678年，荷兰物理学家克里斯蒂安·惠更斯（Christiaan Huygens）创立了一种理论，认为光是由与其运动方向成90°角的振动光波组成的，人们称之为**惠更斯原理**。

事实上，两种理论均有不足。对有些现象，二者都难以完全解释。后来，爱因斯坦提出了一种理论，认为光是由被称为**光子**的能量包组成的，每个光子都有一定量（或量子）的能量。光子的能量随**频率**（每秒振动的次数）的变化而改变。

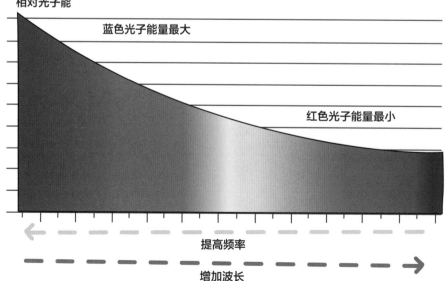

光子能量随波长变化

相对光子能

蓝色光子能量最大

红色光子能量最小

提高频率

增加波长

90

其他光源

电磁辐射形成的原因多种多样。人们看见的光线大多来自太阳内部的**核聚变**，它们经太阳表面辐射到地球，我们可以看到由各种物体表面反射的光线。另外，地球上的化学反应和核反应过程以及热的物体，也能发光。

例如，金属在加热后会发光。随着温度升高，光子能量也会增加，光子的颜色也随之改变。

有些生物可以发光，例如萤火虫和鮟鱇鱼等。这种光是通过动物体内的化学反应或发光细菌产生的。

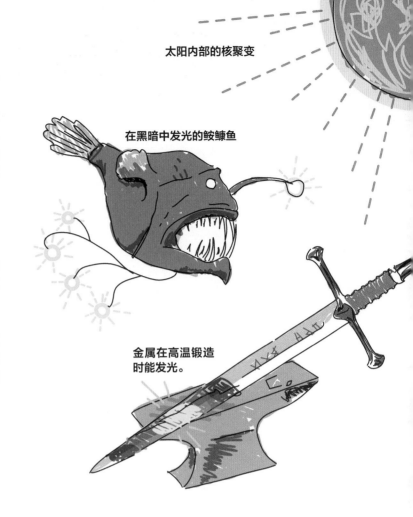

太阳内部的核聚变

在黑暗中发光的鮟鱇鱼

金属在高温锻造时能发光。

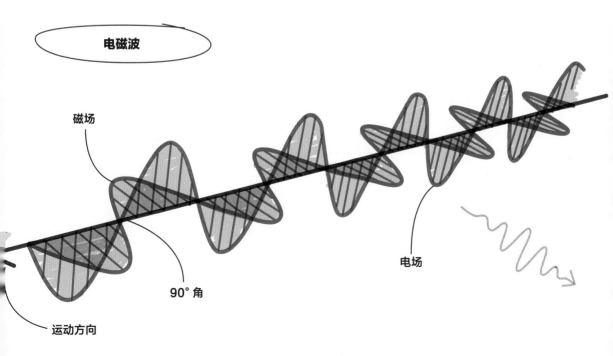

电磁波

磁场

90°角

电场

运动方向

电磁频谱

电磁频谱是由所有能量的光组成的，涵盖从低能量的无线电波到极高能量的伽马射线。光子的能量由其频率（符号是*f*，单位是赫兹）和波长（符号是*λ*，单位是米）决定。高频率光波的波长越短，能量越高。

在所有光子中，**伽马射线**的能量最高。伽马射线源自核反应过程和太空中的各种高能活动，如**超新星**爆发等。

X射线是宇宙中某些非常炽热的物体发出的射线，如**黑洞**四周的炽热气体等。由于骨骼可以吸收大量皮肤无法吸收的辐射，所以人们常用X射线为骨骼造影。

紫外线（UV）是一种不可见光。太阳以极高的能量发出紫外线，但仍有一些高能紫外线被大气层吸收。紫外线对人体有害，会损伤皮肤，诱发癌症。

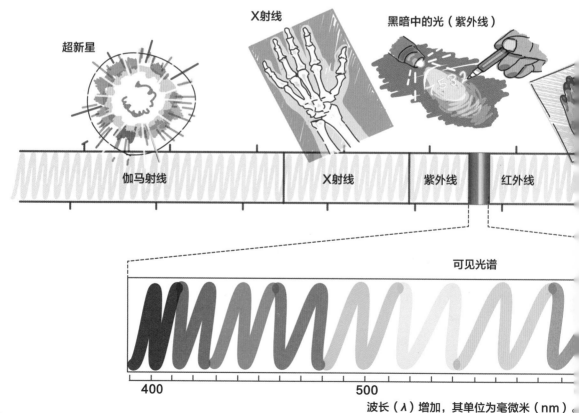

超新星

X射线

黑暗中的光（紫外线）

伽马射线   X射线   紫外线   红外线

可见光谱

400   500

波长（*λ*）增加，其单位为毫微米（nm）

电磁学在日常生活中的应用

长期以来，电磁频谱广泛应用于我们的日常生活、科学研究和医疗领域。从医院的X光透视、在夜间探测发热物体的红外线扫描仪，再到移动电话和无线电广播中使用的无线电波和微波等，我们受益于电磁频谱丰富的频率。

高频

短波

低频

长波

红外线是由动物等发热物体发出的电磁频谱。我们可以通过红外线在黑暗中寻找发热物体。

微波处于电磁频谱中紧邻红外线的另一区域，它可以应用于手机通信。某些特定频率的微波还可以用来加热水。

无线电波处于电磁频谱中频率最低的波段，它的能量也最小。无线电波占据电磁频谱很长一部分频段，广泛用于通讯与无线电广播。

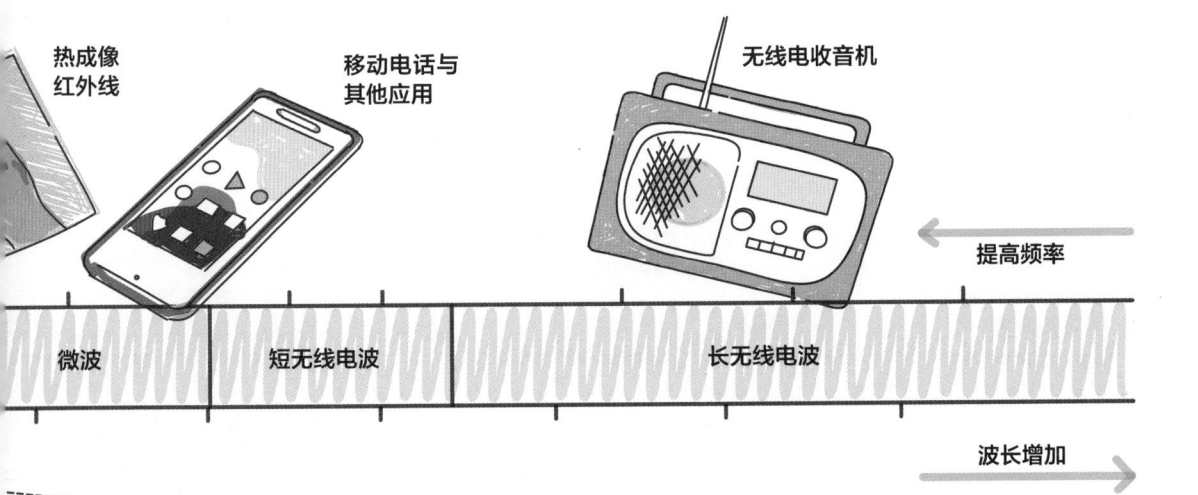

热成像红外线

移动电话与其他应用

无线电收音机

提高频率

微波　　短无线电波　　长无线电波

波长增加

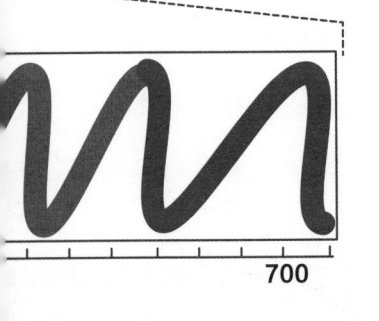

700

人的眼睛能看见的那部分频谱称为**可见光谱**，这部分区域在整个电磁频谱中占比很小。其中，红光的能量最小，蓝光的能量最大。

法拉第电磁感应定律导体相对磁场运动产生感应电动势。

法拉第电磁感应定律

右手定则

将右手掌摊平，四指并拢且与拇指成90°角，使磁场线从掌心穿过（掌心面向N级），拇指指向导线运动方向，四指指向即为感应电流方向。

电磁感应

三个不同方向的矢量——导线移动、磁场和电流，均互为90°角。

感应

电磁学

频谱

频谱由全部能量的光构成。

波长是相邻波峰之间的距离，以米为单位；波长越长，频率越低。

波长

频率表示电磁波多长时间重复出现一次，用赫兹度量。

频率

振动的磁场与电场产生光波，两者以90°角相交。

伽马射线

X射线

紫外线

电磁频谱

电磁波

可见光谱

红外线

电磁辐射

微波

无线电波

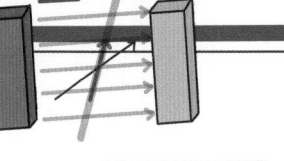

感应角

感应角是导线与磁场之间的夹角；随着夹角从90°减小，电流强度逐渐减弱。

发电机将机械能转变为电能。

发电机

电磁感应

发电电动机

发电电动机既可以利用机械能发电，又可以将电能转换为机械能，例如混合动力汽车。

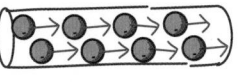

交流电随时间变化周期性地改变方向和强度。

电动机

电动机将电能转换为机械能。

交流电

电网

电网由电力电缆和发电机组成网络，通过交流电的运用，实现电能的远距离输送。

电力传输

变压器是将电能从一条电路传送至另一条电路的电力装置。

变压器

增压变压器

增压变压器在电路间进行电能传输时可提升电压。

降压变压器

降压变压器在电路间进行电能传输时可降低电压。

输电电缆

输电电缆用于电力传输，具有负荷大、绝缘能力强的特点，通常被架在空中或埋在地下。

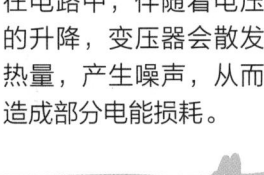

其他光源

生物体发光

有些鱼类、昆虫和植物能自己发光。

热量

加热的金属、燃烧的木材或煤炭会发光，并产生热量。

电能损耗

在电路中，伴随着电压的升降，变压器会散发热量，产生噪声，从而造成部分电能损耗。

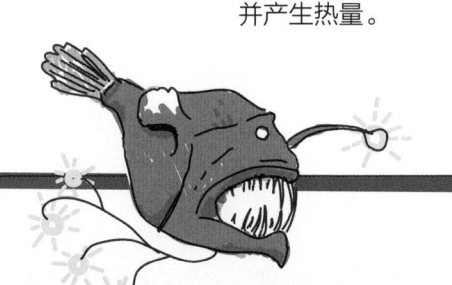